AF648963

AKADEMIE DER WISSENSCHAFTEN DER DDR

ATLAS
DER VERBREITUNG
PALAEARKTISCHER VÖGEL

Begründet von

E. STRESEMANN, Berlin, und L. A. PORTENKO, Leningrad

7. LIEFERUNG

Herausgegeben von

H. DATHE, Berlin, und I. A. NEUFELDT, Leningrad

Bearbeitet von

W. M. LOSKOT, I. A. NEUFELDT, L. A. PORTENKO †, E. v. VIETINGHOFF-SCHEEL, K. WUNDERLICH

Mit 10 zweifarbigen Verbreitungskarten

AKADEMIE-VERLAG · BERLIN

1978

Aus der Forschungsstelle für Wirbeltierforschung (im Tierpark, Berlin)
der Akademie der Wissenschaften der DDR

Erschienen im Akademie-Verlag, 108 Berlin, Leipziger Straße 3–4
© Akademie-Verlag Berlin 1978
Lizenznummer: 202 · 100/507/78
P 187/77
Gesamtherstellung: VEB Druckerei „Thomas Müntzer", 582 Bad Langensalza
Bestellnummer: 762 206 9 (3034/7) · LSV 1375
Printed in the GDR
DDR 30,– M

INHALT DER 7. LIEFERUNG

VORWORT ZUR 7. LIEFERUNG

Mit dieser Lieferung tritt Frau Dr. Irena A. Neufeldt vom Zoologischen Institut der Akademie der Wissenschaften der UdSSR in Leningrad bei unserem Kartenwerk die Nachfolge des verstorbenen Mitherausgebers Prof. Dr. Leonid A. Portenko an. Gemäß 1976 getroffener vertraglicher Regelung zwischen den beiden Akademien obliegt es ihr, die notwendige Zuarbeit für die Darstellung und Abfassung der Artareale und -texte zu leisten und erforderlichenfalls das Mitwirken weiterer sowjetischer Ornithologen zu koordinieren.

Wiederum erreichte uns freundliche Unterstützung durch ausländische Fachkollegen. Für mündliche und briefliche Mitteilungen sind wir verpflichtet: B. N. Andrejew (Elgjaj, Jakutien), Dr. G. W. Archibald (Baraboo), L. M. Benjkowskij (Jushno-Sachalinsk), M. I. Braude (Ishewsk), M. I. Golowuschkin (Kiew), Dr. H. D. Hamel (Wien), W. D. Jachontow (Chabarowsk), Dr. H. Kumerloeve (München-Graefelfing), W. W. Leonowitsch (Moskau), Prof. Dr. A. S. Maltschewskij (Leningrad), J. N. Nazarow (Wladiwostok), N. S. Panjkin (Blagoweschtschensk), G. E. Rosljakow (Chabarowsk), J. W. Schibajew (Wladiwostok), J. B. Schibnew (NSG „Kedrowaja padj", SW-Primorje), L. S. Stepanjan (Moskau), Dr. W. Thiede (Essen), M. A. Traylor (Chicago), Dr. H. Weigold † (Bruckberg/Obb.), W. B. Zimin (Petrozawodsk).

Frau I. Wilczok, Berlin, fertigte, wie stets auf bewährte Weise, die Karten der 7. Lieferung an.

Vornehmlich von neu hinzugekommenen Benutzern des „Atlas" wurde der Wunsch an uns herangetragen, es möchte noch einmal eine kurze Aufstellung der auf den Karten und in den Listen verwendeten Zeichen und Symbole gegeben werden. Wir kommen dem im folgenden gern nach:

auf den Karten

Dreieck	= Lage des Grenzpunktes
Kreis	= größeres Gebiet statt Grenz-„Punkt"

in der Fundortliste
unter den Nummern der Grenzpunkte

—	= vorhergehender Grenzpunkt durch weiteres, eng benachbartes Vorkommen belegt
○	= in der Karte nicht verzeichneter, die Grenzführung stützender Fundort

in der Spalte der Fundorte

N, E, S, W	= Himmelsrichtung
Name mit	= in ( ) = älterer oder neuerer Name der Lokalität
Name ohne	= in ( ) = nähere Ortsbestimmung
Jahreszahl	= Jahr der Ansiedlung bei Ausbreitung
Datum	= Feststellung am Rande der Brutzeit
↓	= Verweis auf Anmerkung

in der Spalte Symbole

B	= Angabe „Brutvogel"
A	= Altvögel zur Brutzeit
J	= flügge Jungvögel
N	= Nestfund o. ä.
s	= Vorkommen einzeln, bis etwa 5 Paare
a	= mehr als etwa 5 Paare
c	= häufig oder gemein

Erika v. Vietinghoff-Scheel — Klaus Wunderlich

VII

1978

Montifringilla taczanowskii (Przewalski)

bearbeitet von

I. A. Neufeldt u. E. v. Vietinghoff-Scheel

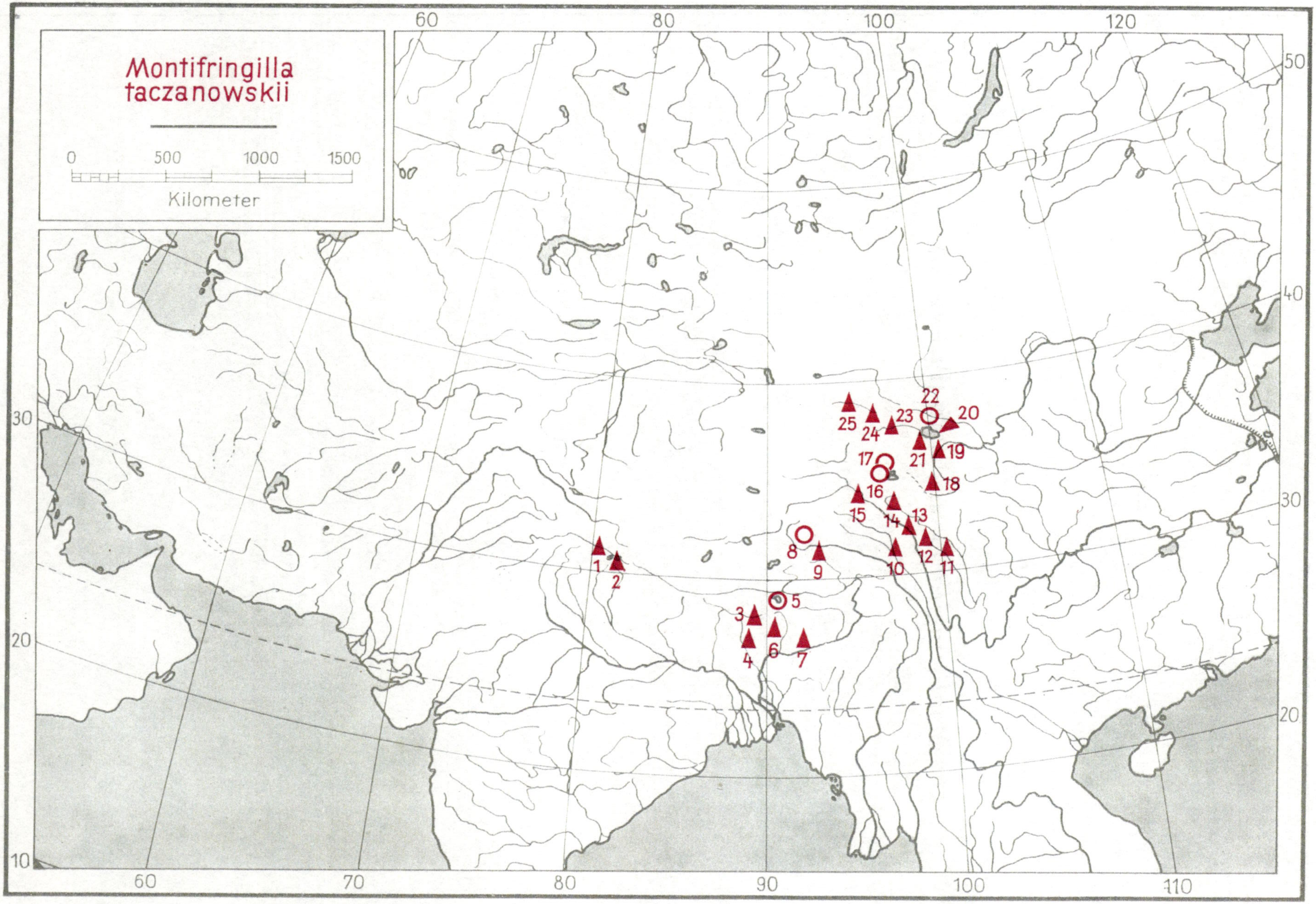

Montifringilla
taczanowskii
0
500
1000
1500
Kilometer

FUNDORTLISTE

Nr.	Fundort		Quelle
1.	Gartok	Bc	LUDLOW u KINNEAR 1937
2.	Mount Kailas (IX.)		fide VAURIE 1972
–	Jerko La (IX.)		fide VAURIE 1972
3.	Gyantse	Ns	DRESSER 1906, LUDLOW 1928, BAKER 1934
–	Kala	J	LUDLOW 1928
–	Tang La Paß	A	WALTON 1906, MACLAREN 1948
–	Tuna (II., III.)		WALTON 1906
4.	Phari	Ac	WALTON 1906, LUDLOW 1928, MACLAREN 1948
–	Pede	A	LUDLOW 1944
5.	Yamdrok Tso		LUDLOW 1944
6.	Pomo-Tso (IX.)		LUDLOW u. KINNEAR 1937
7.	Tsona	A	LUDLOW u. KINNEAR 1937
8.	Tangla-Gebirgszug (XI., XII.)		Coll. Zool. Inst. Leningrad
9	Djaucounang	A	OUSTALET 1893
–	Omtschang-Sourkou	A	OUSTALET 1893
–	So	A	OUSTALET 1893
10.	Fluß Getschu (III.)		BIANCHI 1907
11.	Kansego	J	JACOBI 1923
12.	Rombatsa	Ac	JACOBI 1923
13.	Dsogchen	Aa	SCHÄFER 1938
14.	Fluß Dzatschju	A	BIANCHI 1907; Coll. Zool. Inst. Leningrad
15.	Lager 128	A	SCHÄFER 1938
16	Nord-Tibet (nach Itinerar)	As	PRSHEWALSKIJ 1876
17.	Burchan Budda-Gebirge (IX.)		Coll. Zool. Inst. Leningrad
18.	Fluß Tschschurmyn (I.)		Coll. Zool. Inst. Leningrad
19.	Südostufer d. Kuku-nor	A	Coll. Zool. Inst. Leningrad
20.	Oberlauf des Donger-che	A	BIANCHI 1907
21.	Nordwestufer d. Kuku-nor	Ac	PRSHEWALSKIJ 1876
22.	Oberlauf des Datunche (IX.)		PRSHEWALSKIJ 1876; Coll. Zool. Inst. Leningrad
–	Pjan-dao-kou Schlucht	A	Coll. Zool. Inst. Leningrad
23.	Angyr-Gol (IX.)		Coll. Zool. Inst. Leningrad
–	Jamatyn-Umru	J	Coll. Zool. Inst. Leningrad
24.	Oberlauf der Schara	J	Coll. Zool. Inst. Leningrad
25.	Dasjueschanj	AJ	Coll. Zool. Inst. Leningrad

LITERATUR

BAKER	Nidification Birds Indian Empire. London. 3, 87.
BIANCHI 1907	Aves Exped. Kozlowi Mongol., Tibet. orient. St.-Pétersburg. 23.
DRESSER 1906	Ibis (8) 5, 341.
JACOBI 1923	Abh. Mus. Tierk. Völkerk. Dresden 16,30.
LUDLOW 1928	Ibis (12) 4, 67.
LUDLOW 1944	Ibis 86, 359.
LUDLOW u. KINNEAR 1937	Ibis (14) 1, 477
MACLAREN 1948	Ibis 90, 202.
OUSTALET 1893	Nouv. Arch. Mus. hist. nat. Paris (5) 4, 27.
PRSHEWALSKIJ 1876	Mongolei u. Land Tanguten. St. Pétersb. 2, 81–84.
SCHÄFER 1938	J. Orn. 86 (Sonderh.), 312.
VAURIE 1972	Tibet and its Birds. London. 321.
WALTON 1906	Ibis (8) 5, 232.

Montifringilla taczanowskii (Przewalski)

Tibet-Schneefink

Über verwandtschaftliche Beziehung siehe bei *Montifringilla davidiana*.

Die monotypische Art ist in ihrem Verbreitungsgebiet (Tibetisches Hochplateau von Gartok im Westen bis Sikang, Tsinghai, Kuku-nor und Nan-Shan im Osten) eng an das Vorkommen des kleinen Steppennagers *Ochotona melanostoma* gebunden. In den öden Gebirgslagen von ungefähr 3800–5500 m dienen seine Baue diesen scheuen, ungeselligen Schneefinken als Brut-, Wohn- und Fluchtstätten. WEIGOLD (JACOBI 1923) beschreibt die ungeheure Häufigkeit von *taczanowskii* in den Steppen von Kansego, Bamutang und Jilongba als in die Tausende gehend! Aus dieser spezialisierten Anpassung an den Lebensraum resultiert die auffällige Ortstreue der Vögel. Nur bei allzu großem Schneefall steigen sie in etwas tiefere Regionen hinab, wie WALTON (1906) es bei Tuna beobachten konnte. Wanderungen sind nicht bekannt.

Bedingt durch die langanhaltende Schneedecke und die damit verbundene Bodenkälte beginnen die Tibet-Schneefinken verhältnismäßig spät mit der Brut. Es ist nicht ausgeschlossen, daß in einigen Teilen des Areals, z.B. im Nanschan, Zweitbruten stattfinden können. Dem Balzflug geht die Bodenbalz, eine förmliche „Zeremonie", voraus, die, wie PRSHEWALSKIJ (1876) beschreibt, sehr markant sein soll: „The drumming of these birds is very remarkable. It commences in the early part of May." Weitere Angaben über dieses beobachtete „Trommeln" konnten wir nicht finden. SCHÄFER (1938) stellte den Balzvorgang anders dar: „Sie (die Männchen) liefen mit waagerechter Körperhaltung dauernd im Kreis um die Weibchen herum, ließen dabei die Köpfe tief hängen, hielten die Schwänze weit gespreizt und trugen den Hals weit vorgestreckt und dick aufgeblasen." Den Balzflug vergleicht er mit dem von *Montifringilla ruficollis*; er sei aber wesentlich geschickter als dieser, und der Flug erscheine „lerchenartig elegant." Es gelang SCHÄFER, ein Nest ausfindig zu machen; ihm verdanken wir die folgende Beschreibung: Das Nest vom 1. Juli (bei Jalung) lag 3 m vom Eingang eines *Ochotona*-Baues entfernt, ungefähr

40—50 cm unter der Erdoberfläche in einer erweiterten Höhle. Das sehr große Nest bestand aus mehreren dicken Schichten. Wurzeln bildeten die Grundlage, darüber dürre Grashalme; in der Nestmulde Yak-, Gazellen- und Schafhaare und Federn von *Buteo hemilasius*. Es war im ganzen recht liederlich gebaut und enthielt 4 große schneeweiße Eier mit porzellanartigem Glanz.

Ausgeflogene Jungvögel wurden im SCHÄFERschen Beobachtungsgebiet nicht vor Ende August und am Anfang September gesehen; WEIGOLD (JACOBI 1923) stellte sogar Anfang Oktober welche fest, während LUDLOW (1928) bereits Anfang Juli bei Kalaschar flugfähige Junge bemerkte. In der Leningrader Sammlung befindet sich ein ungefähr 35—40 Tage alter Jungvogel, den KOZLOW bei Dasjueschanj schon im Juni erbeutete.

VII

1978

Montifringilla davidiana (Verreaux)

bearbeitet von

I. A. Neufeldt und E. v. Vietinghoff-Scheel

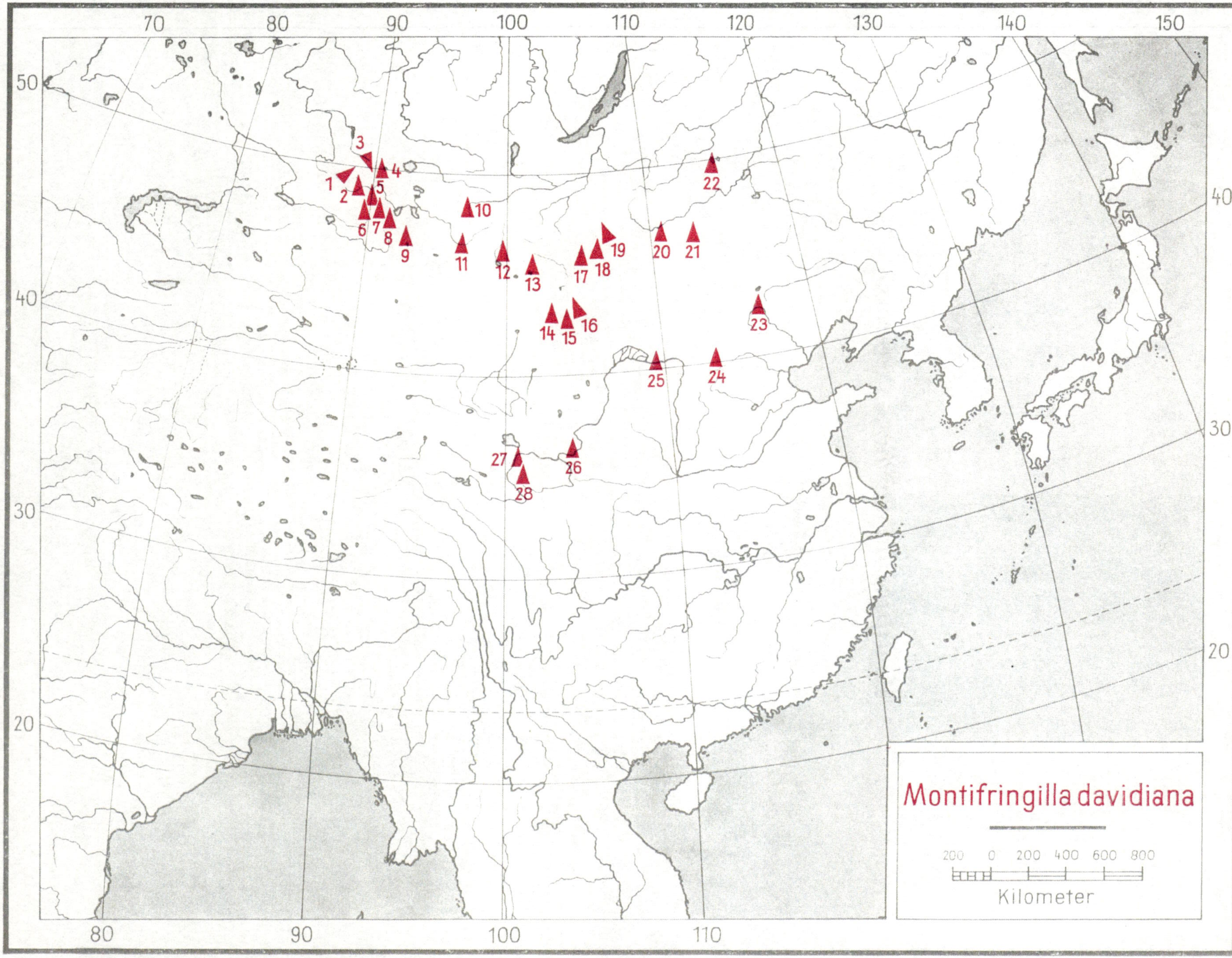
Montifringilla davidiana
200 0 200 400 600 800
Kilometer

FUNDORTLISTE

Nr.	Fundort		Quelle
1.	Kuraj	AJ	Neufeldt (unveröffentl.)
—	Kyzyl-Many	NJ	Neufeldt (unveröffentl.)
2.	Tarchatty	AJ	Drozdow et al. 1972
—	Kara-Dshamaty	NJ	Sushkin 1938
—	Ak-kol	A	Sushkin 1938
3.	Kara-Mangdaj	A	Sushkin 1938
—	Ostausläufer des Sajljugem	J	Coll. Zool. Inst. Leningrad
4.	Mugur-Aksy	AJc	Zonow et al. 1971, Leonowitsch (unveröffentl.)
—	Cagan-Schibetu (I.)		Stepanjan (unveröffentl.)
5.	Oberlauf des Kobdo	A	Bianchi 1907a
6.	Olon-Nur	A	Piechocki u. Bolod 1972
7.	Cast-Ula	J	Coll. Zool. Inst. Leningrad
8.	Kobdo und Bujant-Gol	J	Bianchi 1907a; Coll. Zool. Inst. Leningrad
9.	Tabotyn (IX.)		Bianchi 1907a; Coll. Zool. Inst. Leningrad
10.	Telmin-Nur	AJ	Stepanjan (unveröffentl.)
11.	Cagan-Adzirga (IX.)		Coll. Zool. Inst. Leningrad
12.	Bajdrag-Somon	AJ	Piechocki u. Bolod 1972
13.	Ongin-Gol (III.)		Kozlowa 1930
		AJ	Stepanjan (unveröffentl.)
—	Ulan-Irge (III.)		Coll. Zool. Inst. Leningrad
14.	Gurban-Sajchan	AJ	Piechocki u. Bolod 1972
15.	Ugolcyn-Tologoj, Dzun-Sajchan-Ula	A	Bianchi 1915; Coll. Zool. Inst. Leningrad
16.	Guli (X.)		Coll. Zool. Inst. Leningrad
17.	Gebiet des Tuchum-Nor	J	Kozlowa 1930; Coll. Zool. Inst. Leningrad
18.	100 km SW Urga (= Ulan-Bator; XI.)		Prshewalskij 1876; Coll. Zool. Inst. Leningrad
19.	Ulan-Bator	N	Sudilowskaja 1954
—	Tschshirgalantu	J	Coll. Zool. Inst. Leningrad
20.	Under-Chan	AJ	Bannikow u. Skalon 1948; Coll. Zoomus. Moskow. Univ.
—	40 km N Under-Chan	A	Bannikow u. Skalon 1948
21.	Munch-Chan	NJ	Bannikow u. Skalon 1948
22.	Zun-Torej	NJ	Golowuschkin (unveröffentl.)
23.	Dalaj-Nur		Prshewalskij 1876
24.	Schara-Chada	N	Prshewalskij 1876
25.	Muni-Ula		Bianchi 1907b
26.	Tschagryn-Gol	J	Prshewalskij 1887; Coll. Zool. Inst. Leningrad
27.	Urto (Kuku-Nor; IX.)		Bianchi 1915; Coll. Zool. Inst. Leningrad
28.	Schanyg (I.)		Bianchi 1915; Coll. Zool. Inst. Leningrad

Anmerkung

Zu P. 23:

Zur Orientierung wurde der Dalaj-Nur eingetragen, obwohl Prshewalskij nur von der Strecke „zwischen dem Dalaj-Nur und dem nördlichen Bogen des Hoang-ho" spricht.

LITERATUR

Bannikow u. Skalon 1948	Ochrana prirody 5, 21—23.
Bianchi 1907a	Aves Exped. Kozlowi Mongol., Tibet. orient. St.-Pétersb. 23.
Bianchi 1907b	Ann. Mus. Zool. St.-Pétersb. 12, 559.
Bianchi 1916	Ann. Mus. Zool. Petrogr. 20, 28.
Drozdow et al. 1972	Ornitologija 10, 333.
Johansen 1944	J. Orn. 92, 61.
Kozlowa 1930	Pticy Zabajkalja, Sew. Mongolii i centr. Gobi. Leningrad. 187, 326.
Kozlowa 1950	Pamjati Suschkina. Moskwa—Leningrad. 209—214.
Kozlowa 1975	Pticy zonaln. stepej i pust. Zentr. Azii. Leningrad. 99—102.
Piechocki u. Bolod 1972	Mitt. Zool. Mus. Berlin 48, 148.
Portenko 1960	Pticy SSSR. Moskwa—Leningrad. 4, 233—235.
Prshewalskij 1876	Mongolei und Land Tanguten. St.-Pétersb. 2, 84.
Prshewalskij 1887	Zap. Akad. Nauk 55, 92—93.
Sudilowskaja 1954	Pticy Sow. Sojuza. Moskwa. 5, 314—417.
Sushkin 1938	Birds Soviet Altai. Moscow—Leningrad. 2, 66—68.
Zonow 1974	Wopros. geogr. Sib. Irkutsk. 21—32.
Zonow et al. 1971	Dokl. Irkutsk. protiwotschumn. inst. 9, 207.

Briefliche Auskünfte erteilten: Golowuschkin, Leonowitsch, Stepanjan (Sowjetunion).

Montifringilla davidiana (Verreaux)

Mongolischer Schneefink

Verwandtschaft

Nächstverwandt mit *M. blanfordi, ruficollis, taczanowskii* und *theresae* (Kozlowa 1950, 1975).

Gliederung und Verbreitung

Zwei kaum unterscheidbare Unterarten: *Montifringilla davidiana davidiana* (Verreaux), beschränkt auf ein abgetrenntes Areal (Innere Mongolei von Suiyüan durch Ningsia, Kansu bis zum östlichen und südlichen Kuku-nor-Gebiet) südlich von dem von *M. d. potanini*, die ein wenig blasser, oberseits etwas sandfarbener erscheint als die Nominatform. Ihr Verbreitungsgebiet erstreckt sich vom Südost-Altai im Nordwesten durch die nördliche Äußere Mongolei zum südlichen

Transbaikalien weiter im Nordosten und reicht im Süden bis zu den südlichen Ausläufern des Gobi-Altai. Wir zogen vor, Einzelpunkte statt eines umgrenzten Gebietes zu geben, um die Zerrissenheit des Areals zu veranschaulichen. Verbreitungskarte bei Kozlowa (1975).

Oekologie

Die markante Lebensweise, die Art der Bewegung, die verhältnismäßige Kurzflügeligkeit, die recht stämmige Figur und der flinke Flug (Sushkin 1938) unterscheiden den Mongolischen Schneefink von anderen Schneefinken (z. B. *M. nivalis*, *M. adamsi*). Dem ganzen Verhalten nach ist er ein Erdvogel, d. h. er bewegt sich behende auf dem Boden bei der Futtersuche und auch auf der Flucht und legt besonders interessante Erdnester an. Er ist fähig, selbständig kleine Höhlen in die Erde zu graben; oftmals nutzt er diese Geschicklichkeit auch, um bereits vorhandene Nagerbaue zu vertiefen oder zu vergrößern (Prshewalskij 1876). Zum Beobachten oder Ausruhen setzt er sich, nach Steinschmätzerart mit den Flügeln zuckend, auf Erdhäufchen, Steine oder nur auf den Erdboden. Bemerkenswert ist, daß *M. davidiana* nie an Felsen oder in Schluchten angetroffen wurde (Kozlowa 1975). Offenbar bevorzugt er die Nähe von Wasserstellen, wie Brunnen oder kleine Bäche, die er zur Tränke aufsucht. In seinem Verbreitungsgebiet, den trockenen Steppen und Halbwüsten Zentralasiens in Höhenlagen von etwa 1000—3000 m (wobei sich der untere Wert gleichzeitig auf den Winteraufenthalt bezieht), ist der Mongolische Schneefink eng an das Vorhandensein kleiner höhlenbewohnender Nager wie Ziesel, Pfeifhasen oder Murmeltiere gebunden. In ihre Gänge bzw. Höhlen baut er sein Nest, das das vollkommenste von allen Höhlenbewohnern sein soll (Mongolei; Piechocki u. Bolod 1972). Kozlowa (1975) schildert den Biotop nach eigener Anschauung folgendermaßen: Ebene, schwach hügelige Gras-Beifuß-Federgras-Steppen, aber auch Halbsteppen; Gebiete, die in Hügellandschaften oder auch schon in Landschaften mit stark zerklüfteten Berggraden übergehen. In der Tschujsker Steppe in Höhen von 1750—1900 m heben sich als Charakterpflanzen des Biotops *Stipa glareosa*, *Dontostemon perennis*, *Astragalus dilutus*, *Caragana bungei*, *Lasiagrostis splendens* und *Artemisia* spec. hervor. Die Nahrung besteht hauptsächlich aus Insekten wie Schmetterlingen, Käfern, Fliegen und Raupen, die er größtenteils am Boden sucht oder von niedrigen Pflanzen abliest. Auch die Samen grasartiger Gewächse werden von ihm genommen. Neufeldt berichtet, daß die Vögel in der Tschujsker Steppe Ende Juli/Anfang August sogar an wilden Beifuß- und Meldestauden futtersuchend bemerkt wurden. In den Wintermonaten scheuten sie sich nicht, bis in die Nähe menschlicher Siedlungen oder bis zu Viehställen bzw. -koppeln zu kommen, um dort auf schneefreiem Boden ihre Nahrung zu sammeln, wie Zonow (1974) aus dem Gebiet Mugur-Aksu berichtet.

Im zeitigen Frühjahr, etwa im März, beginnt die Paarbildung. Die Brutzeit erstreckt sich über die Monate Mai bis Juli. Offenbar um eine Zweitbrut handelt es sich bei der Angabe von Drozdow et al. (1972), nach der noch am 2. September Jungvögel am Mittellauf der Tarchata gesichtet worden sind. — Das in den verlassenen Nagerbauen gefertigte Nest wird jeweils nur von einem Paar bewohnt. Es liegt durchschnittlich 0,75—1,5 m, seltener 2,5 m, vom Eingang entfernt, ist kugelförmig und gut mit trockenem Gras, Wolle oder Flaum, auch mit dem vom Vorwirt zurückgelassenen Heu ausgepolstert. Die Anzahl der Eier beträgt 5 bis 7. Die Jungen bleiben, bis sie ausgewachsen sind, im Nest und machen sehr früh eine volle Jugendmauser durch. Die Altvögel mausern ihr durch den Brut- und Fütterungsprozeß unter der Erde stark abgenutztes Gefieder wesentlich eher.

Wanderungen

Mehr oder weniger Standvögel. Wanderungen sind von *M. davidiana* nicht bekannt, nur vertikale Streifereien außerhalb der Brutzeit. Im Spätherbst und Winter sieht man nicht selten Schwärme von 50, sogar 100 bis 200 Stück (Drozdow et al. 1972), zum Teil vermischt mit Spornammern und Ohrenlerchen (Johansen 1944), in niedrigere Höhen hinabsteigen. — Ein angeblich verflogenes Exemplar (in: Coll. Zool. Inst. Leningrad) von Koktschetaw (Johansen l. c.) erwies sich als Fehlbestimmung.

Kozlowia roborowskii (Przewalski)

bearbeitet von

I. A. Neufeldt und E. v. Vietinghoff-Scheel

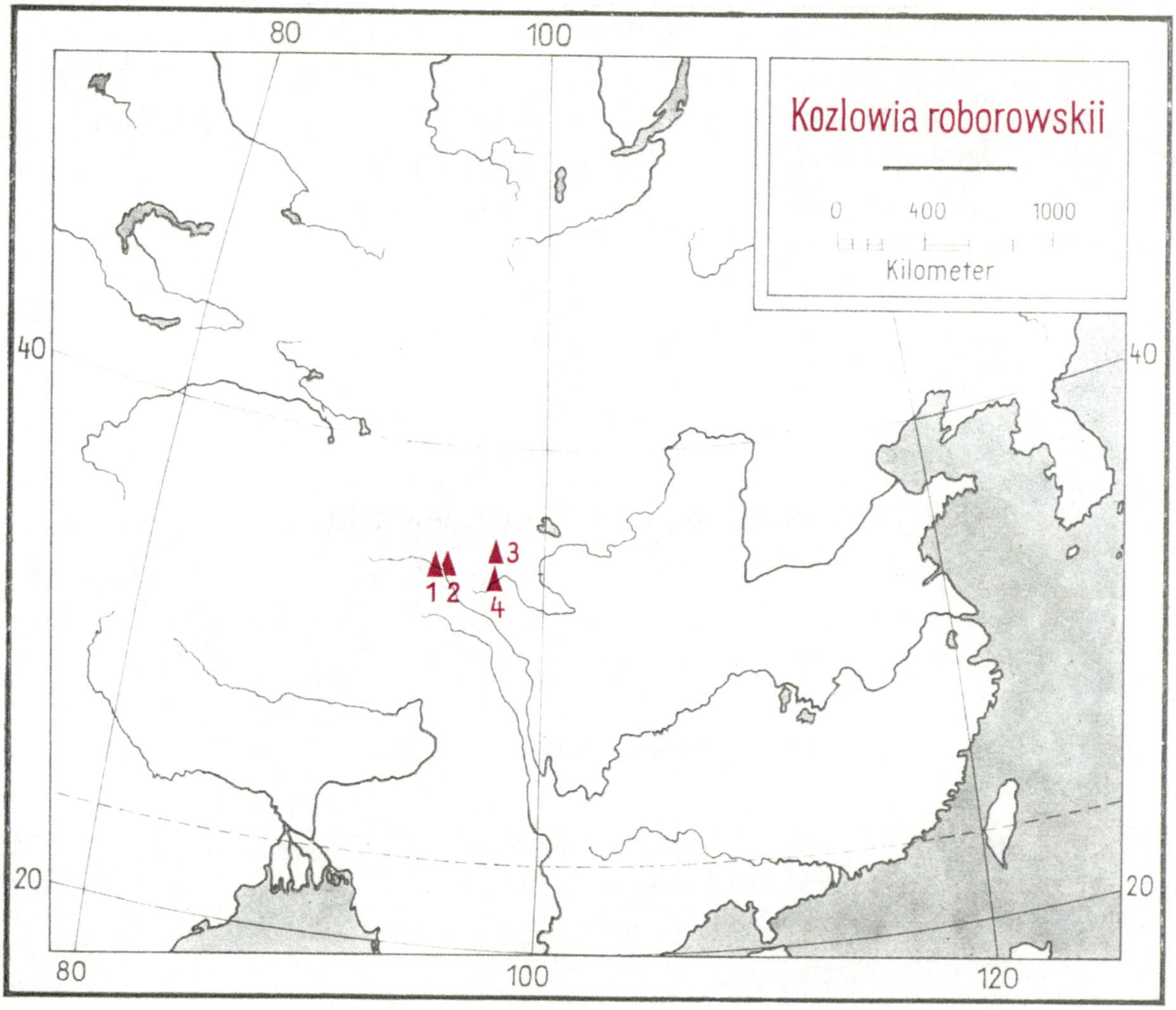

FUNDORTLISTE

Fundort		Quelle
1. Lager 126	Bs	Schäfer 1938
— Lager 116	Bs	Schäfer 1938
— Lager 117	A	Schäfer u. Meyer de Schauensee 1939
2. Lager 110	Bs	Schäfer 1938
— Lager 113	Bs	Schäfer 1938
3. Burchan-Budda-Gebirge: Östlicher Teil	As	Prshewalskij 1887; Coll. Zool. Inst. Leningrad
Südlicher Teil	Aa	Bianchi 1907
4. Amnen-kor	Ac	Bianchi 1907; Coll. Zool. Mus. Berlin

LITERATUR

Bianchi 1907 Aves Exped. Kozlowi Mongol., Tibet. orient. St. Pétersb. 19—21.

Paynter 1968 Check List Birds World. Cambridge/Mass. 14, 283.

Prshewalskij 1887 Zap. Akad. nauk 55, 88—90.

Schäfer 1938 J. Orn. 86 (Sonderh.), 320.

Schäfer u. Meyer de Schauensee 1939 Proc. Acad. Sci. Philadel. 50, 252.

Kozlowia roborowskii (Przewalski)

Riesenschneefink

Ob die Gattung das von uns dokumentierte Verbreitungsgebiet überhaupt noch einhält oder ob eine Vergrößerung bzw. Verschiebung desselben eingetreten ist, entzieht sich unserer Kenntnis. Wir geben somit das kleine, bis 1939 bekannte Areal wieder, um es für die Zukunft fixiert zu wissen.

Ursprünglich als Art von PRSHEWALSKIJ (1887) in die Gattung *Leucosticte* gestellt, wurde *roborowskii* von BIANCHI (1907) zur monotypischen Gattung *Kozlowia* erklärt. PAYNTER (1968) rechnet *roborowskii* zur Gattung *Carpodacus* und hält die Abtrennung in eine eigene Gattung für unvertretbar, da seiner Meinung nach die von anderen *Carpodacus*-Arten abweichenden Merkmale von *roborowskii* wie Flügellänge, Schwanzgröße und Schnabelform lediglich eine Anpassung an den Biotop darstellen und deshalb keine genügende Grundlage für eine systematische Sonderung bieten. Soweit wir nach den wenigen vorliegenden Angaben urteilen können, dürfte *Kozlowia roborowskii* tatsächlich auf Grund ihrer Lebensgewohnheiten und ihres Erscheinungsbildes einigen Hochgebirgs-*Carpodacus*-Arten, besonders *Carpodacus puniceus*, verwandtschaftlich sehr nahe stehen.

In ihrem äußerst kleinen Areal kommt die prächtig gefärbte *Kozlowia* nur selten und sporadisch vor. Sie bewohnt die höchsten alpinen Regionen (4500—5400 m) der nordöstlichen tibetischen Hochländer: Die Ost- und Südhänge des Burchan-Budda-Gebirges, die Südkette des Amnen-Kor und die südliche Marko-Polo-Kette (Wildyak-Steppe). Diesen öden und rauhen Höhenlagen, die von anderen Vögeln gemieden werden, hat sich der anspruchslose Fink fast konkurrenzlos angepaßt. *Leucosticte brandti* konnten SCHÄFER (1938) auf den kahlen Tonschieferbergen der Wildyak-Steppe, KOZLOW (BIANCHI 1907) an der Südkette des Amnen-Kor und PRZEWALSKIJ (1887) im Burchan-Budda Gebirge zusammen mit *Kozlowia roborowskii* beobachten. Die spärliche Nahrung bieten die steinigen Hänge mit dürftigem Pflanzenbewuchs und die kleinen sumpfigen Wiesen der hochalpinen Region, zu denen die Finken gewöhnlich zur Futtersuche hinabstreichen. Magenanalysen ergaben ausschließlich Samen und Teilchen von alpinen Gräsern.

Brutpaare vom Juni und Juli sind uns nur durch SCHÄFER (l. c.) bekannt. Nester wurden nicht gefunden, doch vermutlich werden sie zwischen Schiefergeröllplatten gebaut, wo die Vögel auch bei nahenden Schneestürmen Unterschlupf suchen.

Aus KOZLOWS Tagebuch erfuhren wir, daß *Kozlowia roborowskii* ein angenehmes Pfeifen mit teilweise sich wiederholenden Trillern hören läßt; die ausgestoßenen Rufe klingen mehr oder weniger kläglich, jammernd.

VII

1978

Emberiza elegans Temm.

bearbeitet von

L. A. Portenko u. E. v. Vietinghoff-Scheel

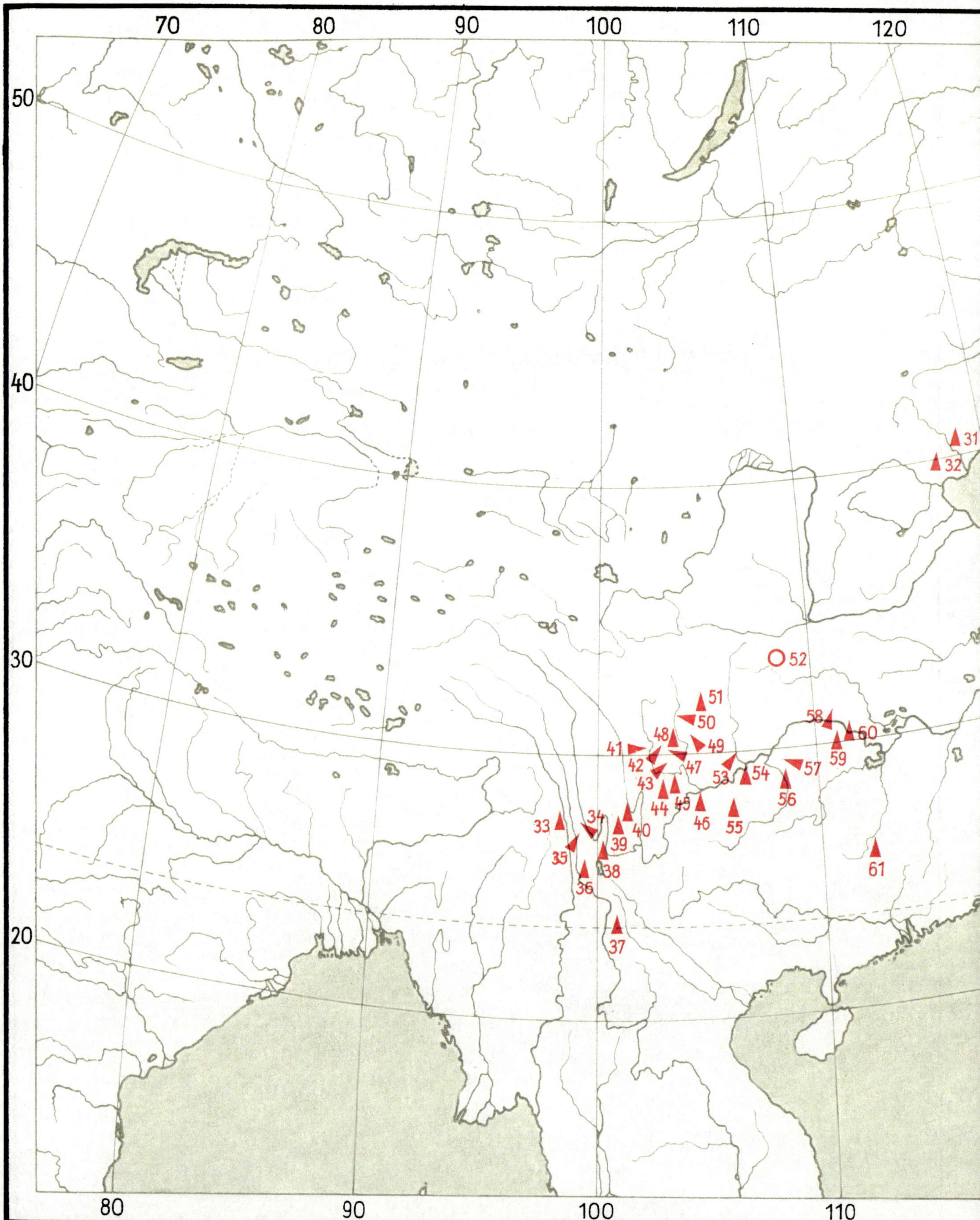

70
80
90
100
110
120
50
40
30
20
80
90
100
110
31
32
33
34
35
36
37
38
39
40
41
42
43
44
45
46
47
48
49
50
51
52
53
54
55
56
57
58
59
60
61

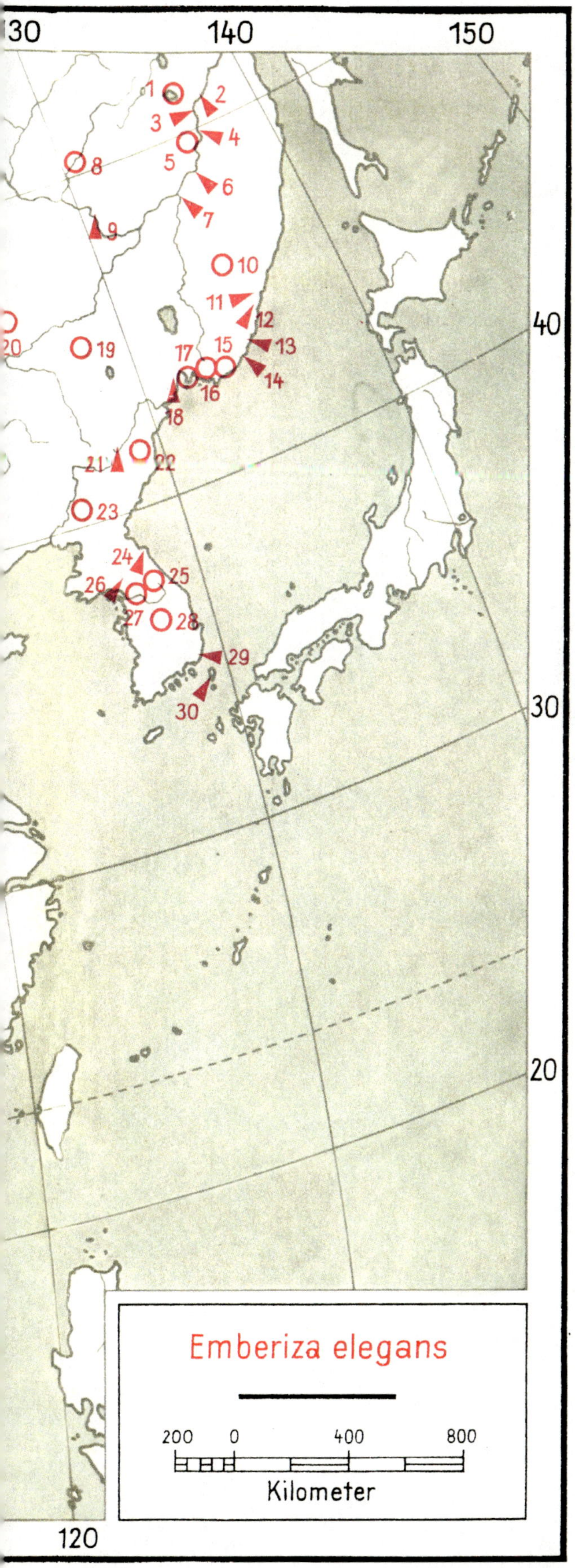

FUNDORTLISTE

Nr.	Fundort		Quelle
1.	Eworon-See	A	RASCHKEWITSCH 1964
2.	Gorin-Mündung	Ns	ZINOWJEW 1960
3.	Komsomolsk-na-Amure	Jc	RASCHKEWITSCH 1965
4.	Malmysh	AJc	RASCHKEWITSCH 1963
5.	„Lac Bologne" (= Bolon- o. Bolen-See)	B	STACHANOW 1935
6.	Elabuga	J	SPANGENBERG u. SUDILOWSKAJA 1954
7.	Kozakiewicz'scher Posten (= Kazakewitschewo; nahe Ussuri-Mündung)	ANs (a ?)	TACZANOWSKI 1875
9.	Radde (Kleiner Chingan)	Bc	STEGMANN 1931
10.	zw. Kartim u. Laulu	Jc	SPANGENBERG 1965
11.	Oberlauf d. Iodzyche	A	SCHULPIN 1931
12.	Unterlauf d. Tetjuche	A	TSCHERSKIJ 1915
13.	Schtscherbakowka (Fluß Pfusun)	AJ	Coll. Zool. Inst. Leningr.
14.	Walentin-Bucht	J	WOROBJOW 1954
15.	Naturschutzgebiet v. Sudzuche	N	BELOPOLSKIJ 1950
16.	Gebiet von Sutschan: Sica	Ac	SCHULPIN 1928
17.	Halbinsel Murawjewa Amurskogo	N	WOROBJOW 1954, Coll. Zool. Inst. Leningrad
—	Insel Askold (1. Hälfte XI.)		WOROBIEV 1937
18.	Kedrowaja padj	AJ	Coll. Zool. Inst. Leningrad
19.	Maoerschan (90 km SE Charbin)	AJa	MEISE 1934
20.	Khingan	A	YAMASHINA 1939
21.	Nojido	J	YAMASHINA 1932
22.	Hamgyong Pukto	Ba	AUSTIN 1948
23.	Pyongan Pukto	Ba	AUSTIN 1948
24.	Chosen	A	YAMASHINA 1932
25.	Kangwon Do	Ba	AUSTIN 1948
26.	Kamak-San (11. IV. — 15. V.)		MACFARLANE 1963
27.	Kyonggi Do	Ba	AUSTIN 1948
28.	Chungchong Pukto	A	AUSTIN 1948
29.	N Pusan	Bc	FENNELL 1952
30.	Tsushima: Shiromokama (Toyotama) ↓	Ns	THIEDE brfl. 1971
31.	Bago (= Ping-tsüen)	A	JACOBI 1922
32.	Tschangschanjü (SW Jehol)	A	JACOBI 1922
33.	Su-wa-tong	N	GREENWAY 1933
—	Champutong	A	GREENWAY 1933
34.	Tao-mung-chung (SW Lütien; IV. o. V.)	Ac	GREENWAY 1933
35.	W Wei-shi	A	GREENWAY 1933
36.	zw. Feilung-chiao u. Yünlung (21. III.)	s	RILEY 1926
37.	Ching-tung (= King-tung; 4. III.)		GRANT 1900
38.	Lichiang-Tal (IV.)		ROTHSCHILD 1926
—	Gyi-dzin-Shan		ROTHSCHILD 1926
—	Chutung-Yangpi Road (IV.)		ROTHSCHILD 1926
39.	Yung-ning (III.)		BANGS 1932
40.	Muli (III.)		BANGS 1932
41.	E Tatsienlu	A	RILEY 1926
42.	Moupin	Bc	DAVID u. OUSTALET 1877
—	Pin Yang Goh (W Moupin; 9. u. 15. XI.)		TRAYLOR 1967
43.	Chin Chuan Shan (S Yachow; 15. XII.)		TRAYLOR 1967

VII

1978

Lullula arborea (L.)

bearbeitet von

L. A. Portenko und K. Wunderlich

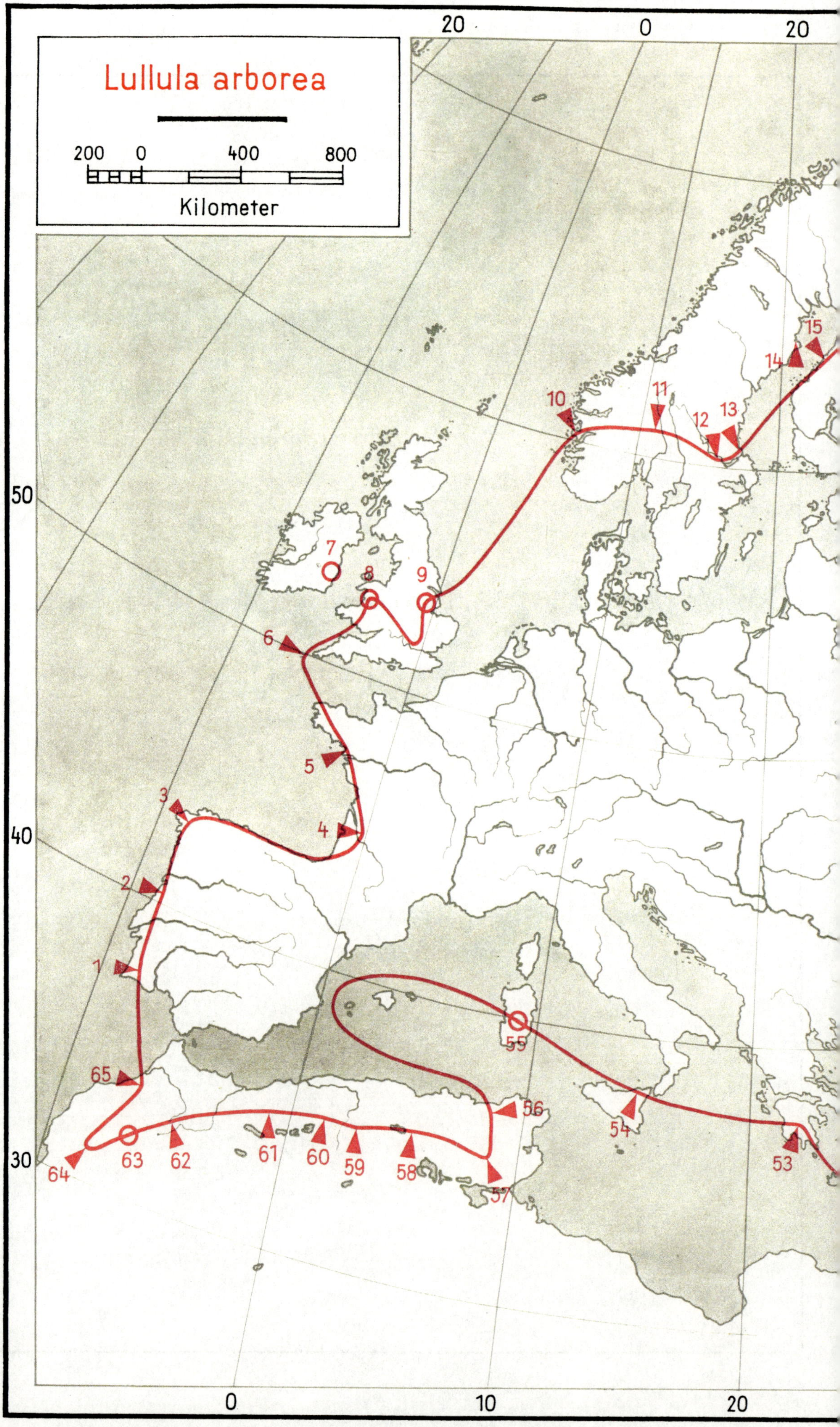
Lullula arborea
200 0 400 800
Kilometer
20 0 20
50
40
30
0 10 20
1 2 3 4 5 6 7 8 9 10 11 12 13 14 15
53 54 55 56 57 58 59 60 61 62 63 64 65

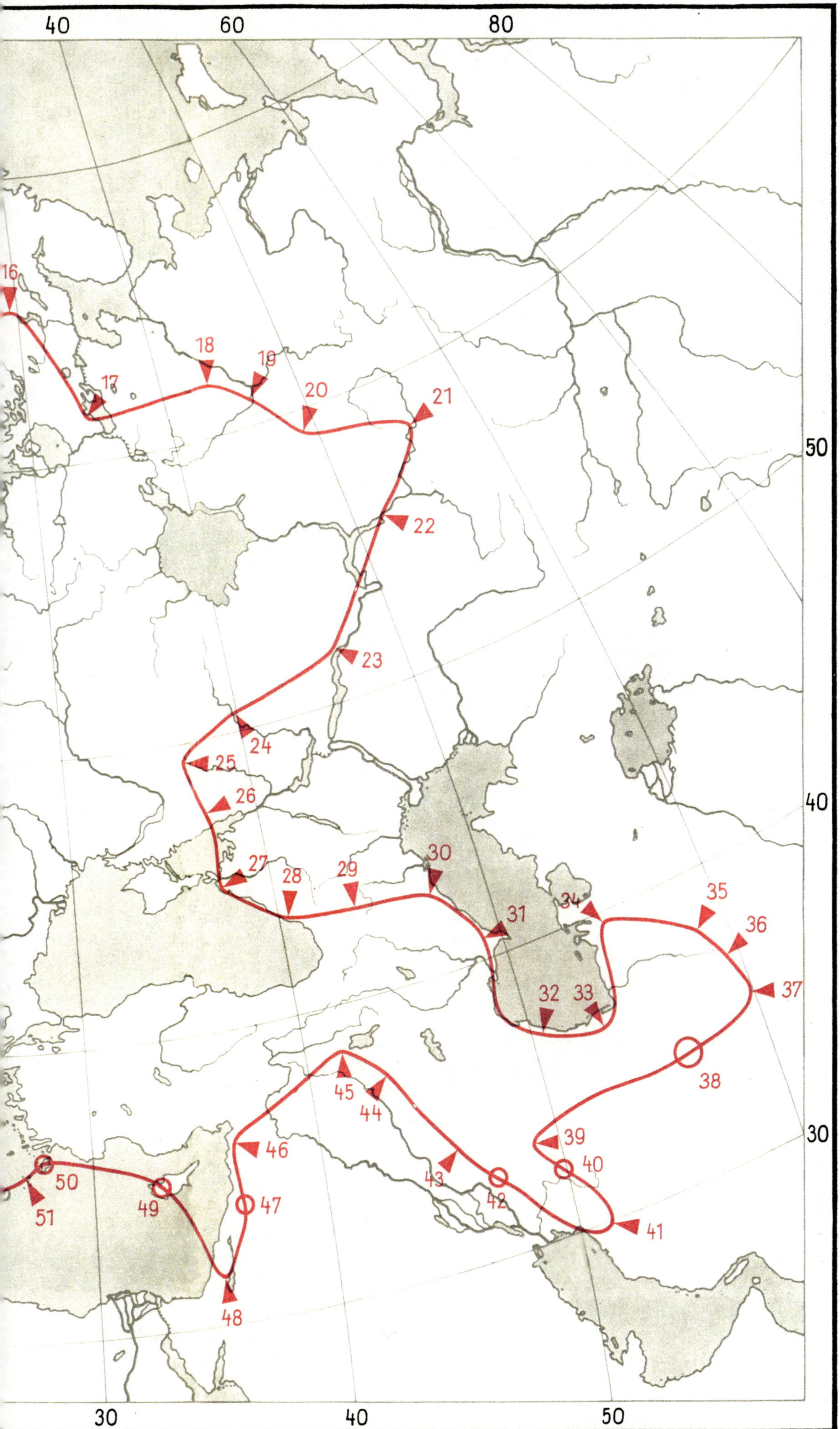

40
60
80
50
40
30
30
40
50
16
17
18
19
20
21
22
23
24
25
26
27
28
29
30
31
32
33
34
35
36
37
38
39
40
41
42
43
44
45
46
47
48
49
50
51

44.	Opien (= Epien)	A	Shaw 1932
—	Chung Chiang Miao (S des Tung-Flusses)		Traylor 1967
45.	Washan	A	Thayer u. Bangs 1912
46.	Suifu (= Hsü-tschou; 9. X.)		Riley (unveröffentl.), fide Weigold (brfl. 1971)
47.	Ho Ni Pa (NW Yachow)	A	Traylor 1967
—	Sanchopin	A	Schäfer u. Meyer de Schauensee 1939
—	Hwalinpin	A	Schäfer u. Meyer de Schauensee 1939
48.	Kwanhsien	N	Traylor 1967
49.	Chöng-tu (28. III.)	As	Weigold (brfl. 1971)
50.	Wen Chuan Hsien (Oberlauf d. Min)	A	Traylor 1967
51.	Lung-ngan	o.D.	Riley (unveröffentl.), fide Weigold (brfl. 1971)
52.	Tsing-ling-Gebirge	A	Blackwelder 1907
53.	Hochwan (= Ho-ch'uan)	A	Shaw 1932
54.	Tschungking (Winter)		Jacobi 1922
55.	Wen Shui (Prov. Kweichow)	A	Traylor 1967
56.	Yang Cha Shan	A	Traylor 1967
57.	Kao Ku	J	Traylor 1967
58.	Mafuling (V. bis 6. VI.)	A	Thayer u. Bangs 1912
59.	Chang-yang Hsien	B?	La Touche 1922
60.	Ichang	B?	Styan 1894
61.	Young Giu (19.—23. V.)	A	Cheng et al. 1961

Anmerkung

Zu P. 30:

Dieser Nachweis, der sich auf die Beringung von 4 Nestlingen gründet, ist von dem Japanischen Seltenheitskomitee anerkannt worden (Thiede brfl. 1971).

LITERATUR

Austin 1948	Birds Korea. Cambridge. 261.
Bangs 1932	Field Mus. Nat. Hist. 314, Zool. 18/11, 376.
Belopolskij 1950	Pamjati Suschkina. Moskwa-Leningr. 369.
Blackwelder 1907	Carnegie Inst. Washington, Publ. 54, Res. China 1/2, 505.
Cheng 1958	List Chin. Birds. Peking. 2, 433.
Chong 1938	Contrib. Biol. Lab. Sci. Soc. China 12/9, 333.
David u. Oustalet 1877	Ois. Chine. Paris. 323.
Fennell 1952	Condor 54, 110.
Gore u. Won 1971	Birds Korea. Seoul. 407.
Gizenko 1955	Pticy Sachalinsk. Obl. Moskwa. 240.
Grant 1900	Ibis (7) 6, 581.
Greenway 1933	Bull. Mus. Comp. Zool. Harvard 74/5, 160.
Hachisuka u. Udagawa 1951	Quart. J. Taiwan-Mus. 4/1 u. 2, 14.
Ijima 1892	J. Coll. Sci. Tokyo 5/1, 116.
Jacobi 1922	Abh. Mus. Tierk., Völkerk. Dresden 16/1, 33.
Jahn 1942	J. Orn. 90, 95.
Kistjakowskij u. Smogorshewskij 1964	Biol. Nauki 3, 27.
Kolthoff 1932	Göteborg Vetensk. Handlingar. 5, Ser. B, 3/1, 48.
Kuleschowa et al. 1965	Ornitologija 7, 102.
Lilleleht 1971	Shiw. prir. daln. wost. Tallinn. 232.
Macfarlane 1963	Ibis 105, 325.
Mauersberger 1966	J. Orn. 107, 229.
Meise 1934	Abh. Mus. Tierk. Völkerk. Dresden 18/2, 22.
Nazarenko 1971	Orn. Research South Far East. Vladiwostok. 44.
Portenko 1960	Pticy SSSR. Moskwa—Leningrad. 4, 368.
Radde 1863	Reisen Süden Ost-Sib. St.-Pétersb. 2, 165.
Raschkewitsch 1962	Geogr. Sib., Daln. Wost. 2, Biogeogr., 79.
Raschkewitsch 1963	Wopr. Geogr. Daln. Wost. 5, 101.
Raschkewitsch 1964	2. nautschn. konfer. zool. ped. inst. RSFSR. Krasnodar. 216.
Raschkewitsch 1965	Z. Sh. 44/10, 1532.
Riley 1926	Proc. Unit. States Nat. Mus. 70, Art. 5, 59.
Riley	Proc. Unit. States Nat. Mus. 77, Art. 15, 38.
Rothschild 1921	Novit. Zool. 28, 61.
Rothschild 1926	Novit. Zool. 33, 326.
Schäfer u. Meyer de Schauensee 1939	Proc. Acad. Nat. Sci. Philadelphia 40, 256.
Schulpin 1928	Ann. Mus. Zool. Leningrad 28, 398; 405.
Schulpin 1931	Izw. Akad. nauk SSSR, Otd. mat., jestest. nauk. 594, 597.
Seebohm 1892	Ibis (6) 4, 94.
Shaw 1932	Bull. Fan Mem. Inst. Biol. 3/15, 228.
Shaw 1938	Bull. Fan Mem. Inst. Biol., Zool. Ser., 8/2, 217.
Spangenberg 1965	Arch. Mus. Zool. Univ. Moscou 9, 174.
Spangenberg u. Sudilowskaja 1954	Pticy Sow. Sojuza. Moskwa. 5, 419.
Stachanov 1935	Alauda 7, 474.
Stanford u. Mayr 1941	Ibis (14) 5, 364.
Stegmann 1931	J. Orn. 79, 162.
Styan 1894	Ibis (6) 6, 332.
Taczanowski 1875	J. Orn. 23, 241; 253.
Thayer u. Bangs 1912	Mem. Mus. Comp. Zool. Harvard 40/4, 194.
La Touche 1906	Ibis (8) 6, 635.
La Touche 1913	Ibis (10) 1, 276.
La Touche 1922	Ibis (11) 4, 458.
La Touche 1927	Handb. Birds Eastern China. London. 1, 355.
Traylor 1967	Fieldiana: Zool. 53/1, 62.
Tscherskij 1915	Zap. Ob. izutsch. Amursk. kraja 14, 244.
Vaurie 1959	Birds palearct. Fauna. Passeriformes. London. 690.
Wilder u. Hubbard 1924	J. North China Branch Asiat. Soc. 55, 175.
Worobiev 1937	L'Oiseau 7, 478.
Worobjow 1954	Pticy Ussurijsk. kraja. Moskwa. 187; 257; 259; 262.
Yamashina 1932	Tori 7, 220.
Yamashina 1939	Tori 10, 468.
Zinowjew 1960	Nautschn. trudy Kalinin. otd. Moskow. Ob. ispit. prir., Biol. 2, 51.

Briefliche Auskünfte erteilten: Thiede (Japan), Weigold (Tibet).

Emberiza elegans Temminck

Gelbkehlammer

Gliederung und Verbreitung

Eine deutlich erkennbare Gefiederfärbung unterscheidet drei Unterarten von *Emberiza elegans*: *E. e. ticehursti* Sushkin im nördlichen Arealteil, die dunklere Nominatform *E. e. elegans* Temminck bildet den farblichen Übergang zu *E. e. elegantula* Swinhoe, der dunkelsten, in China (Shensi, Ost-Sikang, Nord-Yunnan) ansässigen Unterart. Bei drei Exemplaren aus Nord-Burma vom 13. Januar, 29. und 30. März (STANFORD u. MAYR 1941) könnte es sich angesichts der Tatsache, daß *elegantula* in unmittelbarer Nähe seßhaft ist, auch um lokale Vögel der gleichen Unterart handeln.

Über die Unterartzugehörigkeit von *E. e. ticehursti* und *E. e. elegans* liegen bis heute nur spekulative Angaben vor. Während VAURIE (1959) diese Frage noch offen ließ, konnte MAUERSBERGER (1966) anhand von Balgmaterial feststellen, daß die mandschurischen Brutvögel und die Vögel von Baga (Ost-Jehol) zur Nominatform gehören. Sie unterscheiden sich von *ticehursti* durch kräftigere, kontrastreichere Zeichnung und dunklere Färbung auf der Oberseite und sind heller als *elegantula*. Ob die koreanischen Brutvögel *elegans* oder *ticehursti* sind, konnte noch nicht entschieden werden, da von Korea kein Belegmaterial zur Verfügung stand. Nach PORTENKO (brfl. 1971) handelt es sich aber bei Exemplaren von Kedrowaja padj (P. 18) und bei jenen vom südlichen Ussuri-Land nachweislich schon um *E. e. elegans*.

Spezialkarte der Verbreitung bei CHENG (1958).

Oekologie

Die Habitatansprüche der nördlichen Gelbkehlammern sind einfach zu beschreiben. Ausnahmslos besiedeln sie Laubwälder, mitunter auch Zirbel-Laubwald im südlichen Primorje (PORTENKO 1960) oder Mischwälder aus Mongolischer Eiche, *Betula costata*, *Tilia amurensis*, *Phellodendron amurensis* und Sträuchern von *Lespedeza bicolor*, *Corylus heterophylla*, wie sie im Gebiet des Sichota-Alin-Bergrückens üblich sind (SCHULPIN 1931), nicht selten auch lichtes Gestrüpp an Flußtälern und Seeufern. Im Amur-Land ließen sich wenige Paare auch an Stellen alter Waldbrände, wo der ursprüngliche Nadelwald durch Laubgebüsch ersetzt worden war, nieder (STEGMANN 1931). Nie aber dringen sie in die Taiga ein. Die scheuen Vögel halten sich größtenteils im Dickicht versteckt, nur die Männchen wählen als Singwarte die Spitze eines einzelnstehenden Baumes oder Strauches. Mit gesträubter Haube lassen sie von dort ihren wohllautenden und abwechslungsreichen Gesang ertönen, den STEGMANN (l. c.) zu den schönsten Vogelgesängen Ostsibiriens rechnet. — Höhen über 700 m scheinen die *ticehursti* nicht zu übersteigen.

Spärlichere oekologische Angaben liegen aus Korea vor, aber die Verhältnisse scheinen den obigen zu ähneln. Offene Waldlandschaften und ackerbaulich genutztes Land mit verstreutem Buschwerk dürften hier bevorzugt besiedelt werden (GORE u. WON 1971). FENNELL (1952) schreibt von reichlichen Sommervorkommen an niedrigen bewaldeten Bergen nördlich von Pusan, während MACFARLANE (1963) Gelbkehlammern nahe der Spitze des Kamak-San bei ungefähr 1000 m im Frühjahr vermerkte.

Auch die südliche Unterart *elegantula* weicht in ihren Biotopansprüchen nicht wesentlich von den bereits beschriebenen ab. Allerdings ist sie, klimatologisch und orographisch bedingt, in ihrem Verbreitungsgebiet in wesentlich größeren Höhen als ihre nördlichen Verwandten zu finden. Sommerbeobachtungen liegen z. B. von den Likiang-Bergen aus etwa 3000 m vor (ROTHSCHILD 1921, RILEY 1926). „In Szechuan am Westrand des Roten Beckens, also in den unteren Lagen der Tibet-Randabdachung, brütet *elegantula* häufig in 800—1580 m, in Nordyünnan, an der Südabdachung, in die die heißen Süd-Nord-Täler tief eindringen, brütet sie entsprechend der südlichen Lage der Warmluft-Kamin-Wirkung der Trockentäler in 1830 bis 2850 m" (WEIGOLD brfl. 1971).

Die Brutperiode erstreckt sich über die Monate April (Kwanhsien; JACOBI 1922) bis August (eine Brut vom 10. August bei Jadrino/Amur-Kreis; LILLELEHT 1971). Zweitgelege sind nicht selten. Das Nest wird vom Weibchen gebaut und enthält 4—6 Eier; es liegt auf der Erde im Schutz von Gestrüpp oder Gras und besteht aus Reisigzweigchen, trockenen Gräsern und Moos, mitunter auch aus trockenen Blättern und ist mit Wolle oder Pferdehaaren gut ausgepolstert.

Wanderungen

Während *E. e. elegantula* als seßhaft gilt und nur winterliche Horizontalstreifereien unternimmt, sind die nördlichen Gelbkehlammern echte Zügler. Gute Informationen über den Zugablauf sind uns nur von *ticehursti* bekannt. Nicht festlegen möchten wir uns über das Zuggeschehen der Nominatform, da die in der Literatur gegebenen Sichtnachweise keine Gliederung in Unterarten erlauben.

Nach abgeschlossener Mauser im August/September beginnen die Jung- und Altvögel geschart herumzustreichen, um Ende September, teilweise noch im Oktober, in ihre südlichen Winterquartiere abzufliegen (PORTENKO 1960). Einzelne Vögel wurden noch in der ersten Novemberhälfte auf der Askold-Insel gesehen (WOROBJOW 1954); auch vereinzelte Winterbeobachtungen aus Fernost liegen vor (NAZARENKO 1971).

Überwinternde Gelbkehlammern, wohl hauptsächlich *ticehursti*, sind aus folgenden chinesischen Provinzen bekannt: Kiangsu, Anhwei (November, Dezember; KOLTHOFF 1932), Chihli (LA TOUCHE 1920, WILDER u. HUBBARD 1924, RILEY 1930), Shantung, hier auch als Durchzügler vermerkt (SHAW 1938), Nordwest-Fokien (LA TOUCHE 1913, 1927), Chinkiang (LA TOUCHE 1906), Nanking (in Obstgärten, Gärten und offenen Grasflächen in der Nähe von Waldgebieten; CHONG 1938).

In Korea hielten sich Überwinterer (hierbei handelt es sich wohl hauptsächlich um *elegans*) vom späten November bis Ende März auf, vereinzelte Zügler aber auch noch bis Mitte April (AUSTIN 1948).

In den schneefreien Gebieten West- und Südjapans, vor allem auf Westhondo und Kyushu, sind die Gelbkehlammern häufige Wintergäste. Von November bis April beobachtete sie JAHN (1942) bei Kobe in kleinen Trupps in schütterem Kiefernbergwald von Trockentälern. — Ab März/April ist mit der Rückkehr in die Brutgebiete zu rechnen, wobei die japanischen Überwinterer die Route Tsushima-Korea wählen können (IJIMA 1892, SEEBOHM 1892).

Funde außerhalb des Verbreitungsgebietes: Formosa (= Taiwan; HACHISUKA u. UDAGAWA 1951), Quelpart-Inseln (YAMASHINA 1932), Kurilen (GIZENKO 1955), 7 Inseln von Izu, Ryu Kyu, Hokkaido (fide VAURIE 1959).

FUNDORTLISTE

Nr.	Fundort		Quelle
1.	Monchique	A	Tait 1924
2.	Coimbra	B	Tait 1924
3.	Santiago	B	Ticehurst u. Whistler 1928
4.	Créon	Bs	Steinbacher 1944
5.	Pornichet	J	Menegaux 1912
6.	Scilly Isles	Bs	Quick 1964
7.	Grafschaft Wicklow	Bs	Kennedy et al. 1954
8.	SW Grafschaft Merioneth	Bs	Parslow 1967
9.	Grafschaft Nottingham	Bs	Parslow 1967
10.	Bergen	As	Kolthoff u. Jägerskiöld 1898
11.	Romeval	Bs	Curry-Lindahl 1961
12.	Stora Tuna	Bs	Curry-Lindahl 1961
13.	Gefle	Bs	Kolthoff u. Jägerskiöld 1898
14.	Skellefteå	A	Markgren 1960
15.	Kokkola	A	Merikallio 1958
16.	Suomussalmi	A	Merikallio 1958
17.	Pedaseljga	A	Zimin brfl. 1969
18.	Welikij Ustjug	A	Goebel 1871
19.	S Kreis Schenkursk	A	Goebel 1871
20.	Monastyrka	A	Plesskij 1927
21.	Perm	B	Samarin 1959
22.	Kama	Na	Maljtschewskij brfl. 1969
23.	Saratow	N	Woltschanezkij 1954
24.	Mitjakinskaja	J	Awerin 1911
25.	Kreis Izjum	B	Awerin 1910
26.	Groß-Anadolj-Wald	N	Cholupjak 1969
		Aa	Lisezkij u. Giszow 1960
27.	Berg Doob nahe Noworossijsk	J	Puzanow 1938
–	Raum Noworossijsk	B	Woltschanezkij et al. 1962
28.	Berg Arabik (VII.)	A	Launiz 1912
29.	Umgebung von Elbrus u. Bezenga	BJ	Molamusow 1967
30.	Bujnaksk	A	Böhme 1935
31.	Kutkaschen	AJ	Gambarow 1954
32.	Pishkuh	B	Stresemann 1928
33.	Pole-Sefid	A	Paludan 1940
34.	Großer Balchan	BN	Bilkewitsch u. Zarudnyj 1918
		B	Rustamow 1958
35.	Asiljma/Dag Berge	A	Zarudnyj 1903
36.	Berge zwischen Kaachka u. Meshed (VIII.)	A	Zarudnyj 1900
37	Berge Kale Minar	A	Zarudnyj 1900
38	Chorassan	B	Sarudny 1911
39.	Durud	A	Vaurie 1951
40	Pashmshurun	A	Vaurie 1951
41.	Dasht-i-Bam	B	Witherby 1903
42	Qadi Sar	A	Vaurie 1951
43.	Zagross-Gebirge	B	Sarudny 1911
44.	Amadia-Tal	Bc	Moore u. Boswell 1956
45	Mutki	B	Kumerloeve 1967
46	Hatay (Antakya)	B	Kumerloeve 1969
47	Anti-Libanon	B	Kumerloeve 1962
48.	bei Hebron	B	Meinertzhagen 1920
49	Zypern	BN	Bannerman 1958
50.	Rhodos	BsJ	v. Wettstein 1938
51.	Karpathos	BsJ	v Wettstein 1938
52.	Kreta	B	Meinertzhagen 1921
53	Berg Elenitsa	J	Niethammer 1943
54.	Longi	J	Krampitz 1956
55.	Sardinien	B	Steinbacher 1952
56.	Ain-bou-Dries	J	v. Erlanger 1899
57.	östliches Aures-Gebirge	BJ	v. Erlanger 1899
58.	El Kantara	N	Zedlitz 1914
59.	Ain-Aouss	B	Heim de Balsac 1926
60.	Saida	A	Rothschild u. Hartert 1914
61.	Plateaux des Beni-Snassen	B	Brosset 1956
62	Ain-Leuh	Ba	Hartert 1926
63.	Cercle d'Azilal	Ac	Lynes 1933
64.	Taddert	Ac	Chaworth Musters 1939
65.	Forêt de Mamora	Bs	Hartert u. Jourdain 1923

LITERATUR

Awerin 1910 — Trudy obschtschestwa ispytat. prirody Charkow. Univ. 43, 27.

Awerin 1911 — Trudy obschtschestwa ispytat. prirody Charkow. Univ. 44, 9.

Bannerman u. Bannerman 1958 — Birds Cyprus. Edinburgh-London 46–47.

Bilkewitsch u. Zarudnyj 1918 — Izwest. Turkestanskogo otdela Russk. Geograf. obschtschestwa 14, 43

Böhme 1935 — Pticy Sewero-Kawkazskogo kraja. Pjatigorsk. 54.

Brosset 1956 — Alauda 24, 188.

Bundy u. Morgan 1969 — Bull. Brit. Orn. Club 89, 153.

Chaworth-Musters 1939 — Ibis 15 (3), 272.

Cholupjak 1969 — Izutschenije resursow nazemnych pozwonotschnych fauny Ukrainy. Kiew. 135.

Curry-Lindahl 1961 — Våra fåglar i norden. Stockholm. 1492.

v. Erlanger 1899 — J. Orn 47, 352–353.

Etchécopar u. Hüe 1964 — Oiseaux Nord de l'Afrique. Paris. 372–373.

Gambarow 1954 — Trudy Inst. Zool. AN Azerbajdsh. SSR, 17, 89.

Goebel 1871 — J. Orn. 19, 24.

Hartert 1926 — Bull. Soc. Sci. Nat. Maroc 5, 283.

Hartert u. Jourdain 1923 — Novit. Zoologicae 30, 97

Heim de Balsac 1926 — Mém. Soc. Hist. Nat. de l'Afrique du Nord 1, 43–44

Hüe u. Etchécopar 1970 — Oiseaux Proche et Moyen Orient. Paris. 486

Kennedy et al. 1954 — Birds Ireland. Edinburgh – London. 303

Kolthoff u. Jägerskiöld 1898 — Nordens Fåglar Stockholm. 99

Krampitz 1956 — J. Orn 97, 319.

Kumerloeve 1962 — Iraq Nat. Hist. Mus. Publ. 20 u. 21, 14.

Kumerloeve 1967 — Revue Fac Sci. Univ Istanbul 32, 107.

Kumerloeve 1969 — Alauda 37, 47

Launiz 1912 — Pticewedenije i pticewodstwo 3, 16

Lisezkij u. Giszow 1960 — Izutschenije resursow nazemnych pozwonotschnych fauny Ukrainy Kiew. 62.

Lynes 1933 — Mém Soc. Sci Nat. Maroc 36, 38.

Machowicz 1970 — Acta Zool. Cracoviensia 15, 61–160.

Markgren 1960 — Fauna och Flora, 171.

Meinertzhagen 1920 — Ibis 11 (2), 208

Meinertzhagen 1921 — Ibis 11 (3), 130.

Ménégaux 1912 — Catalogue Coll. Marmottan Mus. Hist Nat. Paris. Tours. 57–58.

Merikallio 1958 — Finnish Birds. Helsinki. 108

Mewes 1975 — Orn. Rdbr. Mecklenburgs N. F. 16, 10–12.

Molamusow 1967 — Pticy zentraljnoj tschasti Sewernogo Kawkaza. Naljtschik 44
Moore u. Boswell 1956 — Iraq Nat. Hist. Mus. Publ. 10, 148.
Mountfort 1954 — Ibis 96, 113.
Niethammer 1943 — J Orn 91, 201–202
Paludan 1940 — Danish scientific investigations in Iran 2 Copenhagen 40.
Parslow 1967 — British Birds 60, 268–269.
Peus 1957 — Mitt. Zool. Mus Berlin 33, 297
Plesskij 1927 — Trudy Wjatskogo Muzeja 1 (1926), 34
Puzanow 1938 — Trudy Gruzinskogo Filiala AN Trudy Zool. Sekt 2, 139
Quick 1964 — Birds Scilly Isles. Truro Cornwall. 117.
Rothschild u Hartert 1914 — Novit. Zoologicae 21, 194.
Rustamow 1958 — Pticy Turkmenistana. Aschchabad. 169.
Samarin 1959 — Nautschnye doklady wysschej schkoly. Biologitscheskije nauki 4, 48.
Sarudny 1911 — J. Orn. 59, 212.
Steinbacher 1952 — Vogelwelt 73, 201.
Stresemann 1928 — J. Orn. 76, 359.
Tait 1924 — Birds Portugal. High Holborn. 51–52.
Ticehurst u. Whistler 1928 — Ibis 4 (12), 671
Vaurie 1951 — Bull. Amer. Mus. Nat. Hist. 97, 525.
Vaurie 1959 — Birds palearct. Fauna. Passeriformes. London. 52–53.
Voous 1965 — Vogelwelt Europas. Hamburg u. Berlin 187.
v. Wettstein 1938 — J. Orn. 86, 18
Witherby 1903 — Ibis 8 (3), 526.
Witherby et al. 1965 — Handbook British Birds. London. 176–180.
Woltschanezkij 1954 — Pticy Sowetskogo Sojuza. Moskau. 5, 536.
Woltschanezkij et al. 1962 — Trudy Inst. Biol. Charkowsk. Univ. 32, 13.
Zarudnyj 1900 — Zapiski Akad. Nauk. 8. Ser. Fiz.-mat. otd. 10, 145.
Zarudnyj 1903 — Zapiski Russk Geograf. Ob. 36, 208.
Zedlitz 1914 — J. Orn. 59, 124, 139.
Zink 1975 — Zug europäischer Singvögel 2. Möggingen

Briefliche Auskünfte erteilten: Maltschewskij (Sowjetunion), Zimin (Sowjetunion), Traylor (Iran).

Lullula arborea (L.)

Heidelerche

Gliederung

2 Subspecies. Die Nominatform *L. arborea arborea* L. besiedelt die Britischen Inseln, Skandinavien, Sowjetunion, geht im Westen bis Portugal, Nordspanien, Frankreich, Norditalien, nach Osten bis Ungarn, Dalmatien und etwa zum nördlichen Griechenland. Südlich und östlich davon schließt sich *L. a. pallida* Zarudny an (Südspanien, Nordafrika, mediterrane Inseln, südliches Italien und Griechenland, Balkanländer, Nahost, Kleinasien, Krim, Kaukasien, Nord- und Südwestiran, Transkaspien).

Von Nord nach Süd und von West nach Ost geht die Gefiederpigmentierung allmählich zurück: Die oben am meisten dunklen und unterseits gelblichen Vögel sind britischer und skandinavischer Herkunft; die blassesten, oberseits grauesten und unten weißlichen stammen aus Mittelost. Die kretischen, südgriechischen und balkanischen Populationen sind etwa intermediär.

Zur Verbreitung und Oekologie

Das Vorkommen wird durch die Juli-Isothermen von 17 °C im Norden und ca. 31 °C im Süden begrenzt. Die Art tritt westpaläarktisch auf, gewöhnlich überall relativ sporadisch, in der borealen, gemäßigten, mediterranen, eventuell auch Steppenzone. Was die vertikale Verbreitung angeht, so kommt Peus' Feststellung für Griechenland (1957) wohl allgemeine Bedeutung für das gesamte Brutareal zu: *L. arborea* habe als in ihrer ökologischen Potenz dem Klima gegenüber wenig eingeschränkte Species eine große Höhenamplitude vom Meeresniveau bis in die obere Montanregion, teilweise bis in die subalpine Region hinauf. Niethammer (1943) beobachtete sie im Peloponnes bis über 2300 m, Kumerloeve (1967) im Taurus (Höchstlagen des Nemrut Daği) in über 3000 m Höhe. Ähnliche Daten liefern Chaworth-Musters (1939) für den Hohen Atlas (bis ca. 7000 ft.) und Mountfort (1954) für die Sierra Nevada (bis 7000 ft.).

An der Nordwestgrenze des Areals zieht sich *Lullula* gegenwärtig zurück; lt. Parslow (1967) haben Ausdehnung und Dichte des Brutvorkommens in England in den letzten fünf Jahrzehnten erheblich geschwankt. Unsere Grenzlinie dort folgt den Angaben bzw. Spezialkarten von Witherby et al. (1965) und Parslow (1967). Spezialkarte der Verbreitung für Finnland bei Merikallio (1958), für Nordafrika bei Etchécopar und Hüe (1964), für Nah- und Mittelost bei Hüe und Etchécopar (1970).

Als Lebensraum der Heidelerche charakterisiert Voous (1965) trockene, von Heide und Gras bedeckte Sandfluren mit verstreuten Bäumen, Heiden mit einzelnen Koniferen, Waldränder, die Heidepartien oder Sanddünen säumen, große Kartoffelschläge, die von Schutzhecken oder Baumreihen eingefaßt sind, Olivenhaine, Obstpflanzungen, auch schüttere Eichen- und Kiefernwälder. Die Art ist jedenfalls weit eher Vogel des offenen Geländes als Waldbewohner (vgl. z. B. bei Steinbacher, 1952). Das Nest findet sich auf dem Boden, unter Heide oder Gras.

Eine detaillierte Darstellung der Biologie von *Lullula* (in einem westpolnischen Waldgebiet) gibt Machowicz (1970). Mewes (1975) äußerte sich vergleichend zur Siedlungsdichte von *L. arborea* und *Alauda arvensis* in einer mecklenburgischen Kiefernheide.

Wanderungen

Laut Zink (1975) Wegzug Mitte September bis Anfang November. In England und Wales, Westfrankreich und Südeuropa Stand-, höchstens Strichvogel mit geringfügigem Ortswechsel. ,,Vögel aus Mittel- und Nordeuropa überwintern vorwiegend im weiteren Küstenbereich von Nordsee, Kanal und Atlantik von den Niederlanden bis zu den Pyrenäen. England wird nicht, Spanien nur ausnahmsweise erreicht... Ungarische Heidelerchen überwintern, soweit Ringfunde vorliegen, in S-Frankreich und in Italien... In der Ukraine sind Überwinterungen nach N bis in die Gegend von Kiev bekannt (Dementjev u. Gladkov)... Außerhalb der Brutverbreitung gibt es einzelne Nachweise in Tripolitanien (Bundy u. Morgan) und in Ägypten, wo sowohl die Nominatform wie... die Form *pallida* festgestellt wurde (Meinertzhagen)... Ankunft im Brutgebiet ab Ende Februar" (l. c.).

Voous (1965) hebt hervor, daß ziehende und überwinternde Heidelerchen allein oder in kleinen Trupps von fünf bis zehn Vögeln leben.

Oenanthe xanthoprymna (Hemprich u. Ehrenberg)

zusammengestellt von W. M. Loskot

übersetzt und bearbeitet von E. v. Vietinghoff-Scheel

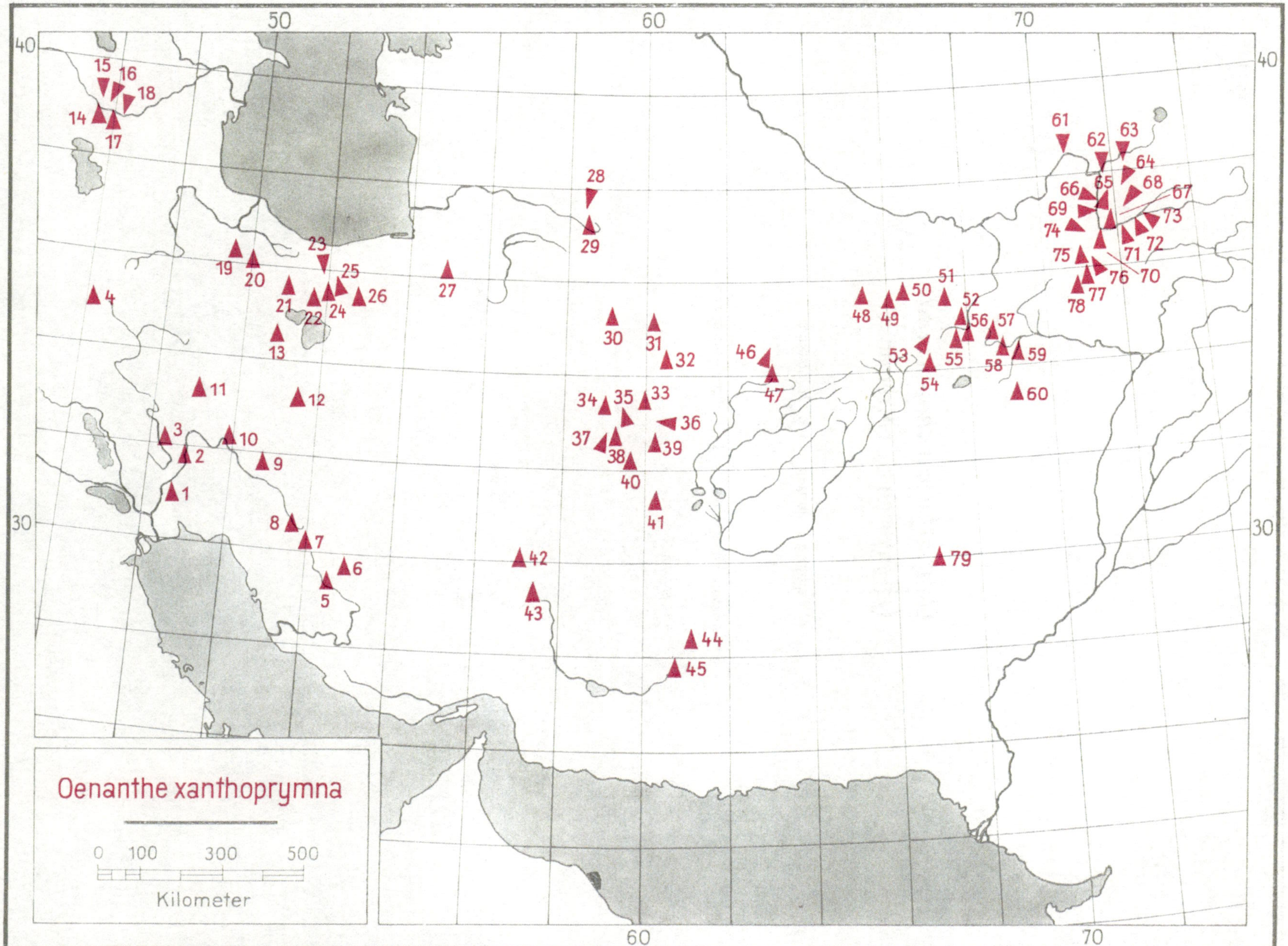
Oenanthe xanthoprymna
0 100 300 500
Kilometer

In Badachschan ergaben Messungen, daß die Temperaturschwankungen innerhalb der Steinnischen in einer Tiefe von 30 cm durchschnittlich zweimal geringer sind als an der Oberfläche des Gesteins. So war vergleichsweise im Mai-Juni das untere Monatsmittel in der Nische 3,6 °C höher, aber maximal 3,7 °C niedriger als die Außentemperatur.

Ähnlich anderen petrophilen Steinschmätzern (*leucura*, *picata*, *finschii*) errichtet das Weibchen von *xanthoprymna* die Unterlage für das Nest oft aus flachen Steinchen, je nach Größe der Nische von einigen zehn Stück bis maximal 980 (ungefähr 4,4 kg!). Das ziemlich lockere, tassenförmige Nest ist ausnahmslos aus Pflanzenmaterial gebaut. Die Gelege bestehen in der Regel aus 5, seltener aus 4 oder 6 Eiern. Die Brutdauer beträgt durchschnittlich 13 Tage. Ein Jahresgelege; Zweitgelege sind nur von *Oe. x. chrysopygia* bekannt.

Außer auf den Brutort selbst erstreckt sich der Aktionsradius bei der Futtersuche bis ungefähr 500 m davon entfernt. Die Vögel finden ihre Nahrung größtenteils auf der Erde, aber auch jagend in der Luft (z. B. Termiten, Ameisen und Maikäfer zur Zeit des Massenschwärmens). Die Hauptnahrung der erwachsenen Vögel und ausgeflogenen Jungen besteht aus Insekten (in Badachschan 90 Arten aus 42 Familien; Loskot u. Petrusenko 1974). In geringerer Anzahl werden auch Spinnen, Asseln, Tausendfüßer, selten Grassamen genommen. Bei den Insekten sind Käfer (besonders Rüsselkäfer, Laufkäfer, Scarabaeiden), Raupen, Ameisen und Hemipteren vorherrschend.

Wanderungen

Die Nominatform verbringt die Wintermonate im südlichen und zentralen Teil der arabischen Halbinsel, auf der Sinai-Halbinsel, am Westufer des Roten Meeres südlich bis nach Erythrea (Smith 1955), aber auch in Südwest-Iran, innerhalb des Brutgebietes (Kirman-Schach) oder nicht weit davon entfernt (Fao). Eine interessante Mitteilung liegt von Misonne (1974) vor; er beobachtete zwei Rotschwanzsteinschmätzer (einer als Beleg geschossen) am 2. 12. 1969 bei Karkur Hamid (Jebel Uweinat) nahe der libysch-ägyptischen Grenze und etwa 1000 km vom westlichst gelegenen uns bekannten Überwinterungsort entfernt. Das Überwinterungsgebiet von *Oe. x. chrysopygia* ist umfangreicher als das der Nominatform; es schließt auch den südlichen Iran mit ein und geht im Norden bis etwa 35°. Offenbar handelt es sich hier um den seßhaften Teil der Population (vgl. auch Reeb 1977). Die östlichen *Oe. x. kingi* überwintern im südlichen Afghanistan, in Pakistan, Nordwest-Indien nach Osten bis Simla, im Süden bis Gudsharat. Bemerkenswert für die Türkei sind zwei Sichtnachweise von 1969: Je 1 Exemplar am 4. 4. östlich Kozluk (NW Siirt) von Warncke (1972) und am 24. 7. bei Eleskirt (WNW von Ağri; Vitterey 1972).

Der Abzug in die Winterquartiere erfolgt allmählich. Die ersten ziehenden Exemplare erscheinen in Ost-Irak (Baghdad) und Nord-Pakistan (Kohat) Anfang September, aber ein Teil verweilt in Badachschan und im Hindukusch bis Anfang Oktober, im Elburs bis Ende Oktober. Am Ufer des Roten Meeres kommen die ersten Wanderer nicht vor Ende Oktober an, in den indischen Winterquartieren Anfang Oktober. In die Brutgebiete beginnt der Rückzug ab der zweiten Hälfte Februar bis März; in den äußersten Nordwest (= Südtranskaukasien)- und Nordost (= Badachschan)-Gebieten erscheinen die Rotschwanzsteinschmätzer in der letzten Dekade März.

LITERATUR

Abdusaljamow 1973 Fauna Tadjik SSR (Birds) 19, 251
Baker 1924 Fauna Brit. India, Ceylon, Burma. Birds London. 2, 54.
Bates 1935 Ibis (13) 5, 198.
Blanford 1876 Eastern Persia. London 2, 151
Buxton 1921 J. Bombay Nat. Hist Soc 27, 868
Christison 1941 Ibis (14) 5, 540.
Dementjew 1937 Poln. opred. ptic SSSR Moskwa – Leningrad 4, 226.
Gladkow 1954 Pticy Sow. Sojuza. Moskwa 6, 518
Härms 1925 J. Orn. 73, 390.
Ivanov 1940 Ois. Tadjikistan Moscou – Leningrad. 248.
Ivanov 1941 Bull Acad Sci. USSR 3, 381.
Iwanow 1969 Pticy Pamiro-Alaja. Leningrad. 260.
Laister u. Sosnin 1942 Ornis Armeniaca. Erewan. 358.
Loskot u. Petrusenko 1974 Westn. Zool. 5, 59.
Mackworth-Praed u. Grant 1955 Birds East., Northeast. Africa. London – New York – Toronto. 266.
Meiklejohn 1948 Ibis 90, 82.
Meinertzhagen 1938 Ibis (14) 2, 684.
Misonne 1974 Gerfaut 64, 66.
Paludan 1938 J. Orn 86, 616.
Paludan 1959 Vidensk. Medd. Dansk nat. hist. Foren. 122, 201.
Passburg 1959 Ibis 101, 165
Reeb 1977 Alauda 45, 293 – 333.
Ripley 1964 Check List Birds World Cambridge/Mass. 10, 123.
Sarudny (= Zarudnyj) u. Härms 1926 J. Orn 74, 33 – 37.
Sharpe 1891 Sec. Yarkand Mission Aves. London. 86.
Smith 1955 Ibis 97, 73.
Stepanjan 1971 Nautschn. dokl. wys. schkoly, biol. nauki 6, 28.
Vaurie 1949 Amer. Mus. Novit. 1425, 42.
Vaurie 1959 Birds palearct. Fauna. Passeriformes. London. 349.
Vitterey 1972 Orn. Soc. Turkey Bird Report 2, 1 – 184.
Warncke 1972 Vogelwelt 93, 25.
Williams 1929 J. Bombay Nat. Hist. Soc. 33, 604.
Witherby 1903 Ibis (8) 3, 544.
Witherby 1907 Ibis (9) 1, 83.
Witherby 1910 Ibis (9) 4, 497.
Zarudnyj 1896 Orn. Fauna Zakasp. Kraja. Moskwa. 56.
Zarudnyj 1900 Ekskurs. sew.-wost. Persii i pticy strany St. Pétersb. 229 – 230.
Zarudnyj 1903 Ois. Perse orient. St.-Pétersb. 436.

Oenanthe xanthoprymna (Hemprich u. Ehrenberg)

Rotschwanzsteinschmätzer

Verwandtschaft und Gliederung

Die systematische Stellung von *Oe. xanthoprymna* innerhalb der Gattung *Oenanthe* ist verhältnismäßig isoliert; die Besonderheiten der geographischen Verbreitung und der Gefiederfärbung scheinen sie nahe zu *Oenanthe moesta* zu stellen.

Nach Vaurie (1949), Ripley (1964) und Loskot 3 Unterarten: 1. *Oenanthe xanthoprymna xanthoprymna* (Hemprich u. Ehrenberg) nur in Südwest-Iran (Zagros). Die dunkle Kehle und der weiße oder isabellfarbene Basalteil der Steuerfedern unterscheiden diese Form so scharf von den folgenden, daß sie nicht selten Artstatus verliehen bekam (Harms 1925, Sarudny u. Harms 1926, Bates 1935, Ivanov 1940, 1941, Mackworth-Praed u. Grant 1955, Smith 1955); dunkelkehlige mit rotfarbenem Basalteil der Steuerfedern („*cummingi*“) gehören auch zu dieser Unterart (Vaurie 1949). — 2. *Oenanthe xanthoprymna chrysopygia* (De Filippi) im südlichen Transkaukasien und im iranischen Gebiet des Areals, außer in Ost-Iran, wo Populationen vorkommen, die als Zwischenform von *chrysopygia* und der folgenden Unterart betrachtet werden können. Hellere Kehle und intensiv rotfarbene Basalteile der Steuerfedern. — 3. *Oenanthe xanthoprymna kingi* (Hume) im übrigen östlichen und Hochgebirgsteil des Areals: Die rotfarbenen und teilweise grauen Partien des Gefieders merklich heller als bei *chrysopygia* gefärbt, besonders bei Exemplaren aus der Brutzeit.

Oekologie

Der Rotschwanzsteinschmätzer ist einer der typischsten petrophilen Vertreter der Gattung *Oenanthe*. In seiner Verbreitung ist er eng an heiße wüstenhafte Bergregionen gebunden, wo er gewöhnlich sehr steile Felshänge besiedelt. Er bevorzugt großbrockiges Geröll, vermeidet aber senkrecht abfallende Felsmassive. Die Vertikalverbreitung wird im wesentlichen durch die Grenzen des Wüstengürtels gebildet. So brütet er im südlichen Transkaukasien in Höhen von 600 – 1200 m, im Elbrus von 900 m (Witherby 1910) — 2750 m (Meiklejohn 1948), in Badachschan von 1300 m (Iwanow 1969) — 3400 m, im Hindukusch von 1600 – 3600 m (Meinertzhagen 1938).

In Süd-Iran beginnt die Brutzeit Mitte März (Sarudny u. Harms 1926), im nördlichen Teil des Areals und in den Hochgebirgen ungefähr zwei bis vier Wochen später. Das Nest liegt immer geschützt zwischen Steinen, unter großen Felsblöcken, manchmal auch in Felsspalten, in einer Entfernung von 25 – 35 cm, mitunter bis 90 cm, vom Eingang entfernt.

FUNDORTLISTE

Nr.	Fundort		Quelle
1.	Djebel-Tnüe (Unterlauf des Karun; 9.—13. III.) ↓	A	Härms 1925, Sarudny u. Härms 1926
2.	Schuster	A	Härms 1925, Sarudny u. Härms 1926
3.	Disful (23. III.)	A	Härms 1925, Sarudny u. Härms 1926
4.	Tawile	A	Ivanov 1941
5.	Shiráz	A	Blanford 1876
		Bc	Baker 1924
6.	Persepolis (11. u. 12. III.)		Vaurie 1949
7.	Berm Firuz	A	Witherby 1903
8.	Kuh-i-Dinar	A	Witherby 1903
9.	Charadschi, Schaljamsar, Nagun	B	Sarudny u. Härms 1926
—	Ardal	As	Witherby 1907
10.	Khali Kuh	B	Vaurie 1949
11.	Durud	A	Vaurie 1949
12.	Kohrud	J	Blanford 1876
13.	Sawa (N Schachgirt-bala)	Bs	Sarudny u. Härms 1926
14.	Unterlauf d. Alindshat-schaj	AJ	Loskot (unveröffentl.)
15.	Dshamaldin ↓	A	Laister u. Sosnin 1942
—	Abrakunis	B	Loskot (unveröffentl.)
16.	Bilaw	N	Loskot (unveröffentl.)
17.	Nusnus	J	Laister u. Sosnin 1942
—	SW Teil d. Zangezurskij-Gebirgskette (Ordubad)	B	Stepanjan 1971
—	Ajlis	N	Loskot (unveröffentl.)
18.	Megri	Nc	Loskot (unveröffentl.)
19.	zw. Keróo u. Pa-Tschinar	Ac	Sarudny u. Härms 1926
20.	N Kazvin	Aa	Passburg 1959
21.	N Karedj	Aa	Passburg 1959
22.	Umgebung Teheran	AJ	Buxton 1921
—	Djadjerud-Tal	Aa	Passburg 1959
23.	oberes Lar-Tal	AJc	Meiklejohn 1948
24.	zw. dem Paß Imamzade-Chaschen u. Rudechen	A	Coll. Zool. Inst. Leningrad
25.	Rejne	A	Coll. Zool. Inst. Leningrad
26.	Firuzkuh	Ac	Paludan 1938
27.	Shahrud	AJ	Vaurie 1949
28.	Gaudan	N	Zarudnyj 1896
29.	Durbadem	A	Coll. Zool. Inst. Leningrad
—	Asilma-Dag	Bc	Zarudnyj 1896
30.	Gebirgszug Kudari-Pedar	As	Zarudnyj 1900, Sarudny u. Härms 1926
31.	Gebirge Kale-Minar	As	Zarudnyj 1900, Sarudny u. Härms 1926
32.	Berge bei Kerat	A	Zarudnyj 1903
33.	Ewiz	J	Coll. Zool. Inst. Leningrad
—	Berge bei Sirkuh	Ac	Sarudny u. Härms 1926
34.	Gebirge Sul-Penaj	Bc	Zarudnyj 1900, Sarudny u. Härms 1926
35.	Gebirge Mamuj	Bc	Zarudnyj 1900, Sarudny u. Härms 1926
36.	Berge zw. Gulmirun u. Awas	Bc	Sarudny u. Härms 1926
37.	Rekut (Bagyran-Kuh)	A	Zarudnyj 1900
38.	Pesuk (N Birdshand)	J	Zarudnyj 1900
39.	Tebes	Ac	Sarudny u. Härms 1926
40.	zw. Ibragim u. Guljandar	J	Zarudnyj 1900
41.	Neh-i-Bendun	Ac	Zarudnyj 1900, Sarudny u. Härms 1926
42.	Kerman	Bc	Baker 1924
43.	Ráyin (SSE Kerman)	A	Blanford 1876
44.	Kuh-i-Tuftan	Bc	Sarudny u. Härms 1926
45.	Tschaaschei u. Torosch	Bs	Sarudny u. Härms 1926
46.	S Sauzak Kotal	A	Paludan 1959
47.	Obeh	A	Paludan 1959
48.	Safedsang (20.—25. IX.)		Vaurie 1949
49.	Bai (19. IX.)		Vaurie 1949
50.	Tukzar (16. IX.)		Vaurie 1949
51.	Sabz-Paß	AJ	Vaurie 1949
—	Schanbaselak	A	Vaurie 1949
52.	Lorinj	A	Vaurie 1949
53.	zw. Bamian u. Band-i-Amir	A	Paludan 1959
54.	Panjao	A	Paludan 1959
55.	Bamian	Ac	Meinertzhagen 1938
56.	Dar-e-shikari	As	Meinertzhagen 1938
	(= Darra-i-Shikari)	A	Paludan 1959
57.	Ghorband-Tal	Bc	Meinertzhagen 1938
		A	Paludan 1959
58.	Paghman	Ac	Meinertzhagen 1938
59.	Umgebung von Kabul	Ac	Meinertzhagen 1938
60.	Nozi	A	Vaurie 1949
—	Tera Kotal (Gardez)	A	Paludan 1959
61.	Kalai-Chumb	A	Ivanov (= Iwanow) 1940, 1969
62.	Unterlauf d. Bartang	A	Abdusaljamow 1973
63.	Mittellauf d. Bartang	A	Abdusaljamow 1973
64.	Zuor	A	Ivanov 1940
—	Schtam	A	Ivanov 1940, 1969
—	Wir, Wankale, Ljangar	A	Abdusaljamow 1973
65.	Sepudshitsch	A	Ivanov 1940
66.	Chorog	NJc	Ivanov 1940, 1969; Coll. Zool. Mus. Kiew (Loskot brfl. 1976)
67.	Roschtkala	B	Iwanow 1969, Abdusalšamow 1973, Loskot (unveröffentl.)
68.	Drum-Kul	A	Abdusaljamow 1973
—	Jubenj	A	Iwanow 1969
69.	Anderob	Ba	Abdusaljamow 1973
70.	Ischkaschim	Ba	Abdusaljamow 1973
71.	Schirtcharw	Ba	Abdusaljamow 1973
72.	Wrang	Ba	Abdusaljamow 1973
73.	Panjak (= Kalai-Pjandsh)	A	Sharpe 1891, Iwanow 1969
74.	Warduj-Tal	Ac	Paludan 1959
75.	Tirgaran	J	Vaurie 1949
76.	Sanglich	A	Vaurie 1949, Paludan 1959
77.	Magnaul	J	Vaurie 1949
78.	Miyan Deh	A	Paludan 1959
79.	Quetta	BNa	Williams 1929, Christison 1941

Anmerkungen

Zu P. 1:

Ein befruchtetes Weibchen von *Oe. x. chrysopygia* könnte auf Brut deuten.

Zu P. 15:

Hier verläuft die Nordwest-Grenze der Verbreitung. Angaben über das Brüten in der Umgebung Jerewans (Dementjew 1937, Ivanov 1941, Gladkow 1954, Vaurie 1959, Ripley 1964) sind unrichtig.

VII

1978

Geronticus eremita (L.)

bearbeitet von

K. Wunderlich

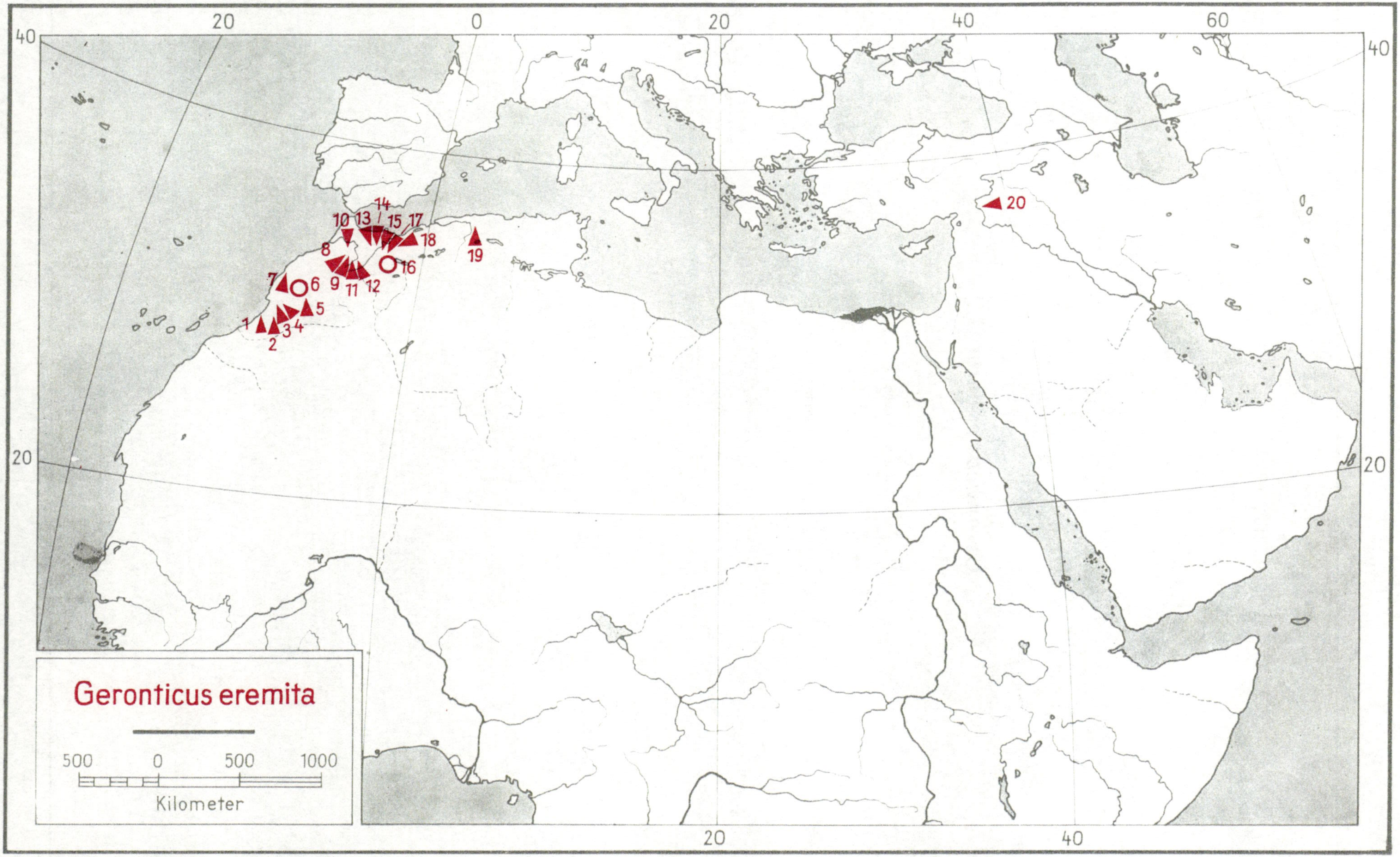

Geronticus eremita
500 0 500 1000
Kilometer
1
2
3
4
5
6
7
8
9
10
11
12
13
14
15
16
17
18
19
20

(1965) gibt als geringsten Nestabstand etwa 70 cm an; „der Trieb zu enger Gemeinschaft ist auch während der Brutzeit unverkennbar" (1958). Beide Eltern bauen gemeinsam das Nest, brüten und ziehen die Jungen auf, die im 3. Lebensjahr geschlechtsreif werden. AHARONI (1929) sieht in der knapp bemessenen Beschränkung der Nistplätze eine große Gefahr für die Existenz der Art: Da an die Brutorte sich überall gleichbleibende Bedingungen gestellt würden, beschränke dies naturgemäß deren horizontale Verteilung, denn lediglich der allerkleinste Teil der Wüstengebirge sei so beschaffen.

Zum Nahrungserwerb werden naheliegende Wiesen, Sümpfe, Steppen oder Wadis, auch Spülsäume der Strände und der Flüsse aufgesucht, teils längere Flüge unternommen, die beispielsweise die Birecik-Vögel heute weit in den syrischen Euphrat-Raum, in dem Waldrappen früher lokal heimisch waren, hineinführen (vgl. KUMERLOEVE 1965).

Die Fortpflanzungsperiode (Balz, Nestbau, Eiablage etc. bis Flüggewerden der Jungen) währt von Mitte Februar bis Mitte Juni. „In kleineren und größeren Verbänden treiben sich die Schopfibisse dann in Bireciks näherer Umgebung umher, kehren zum Ausruhen, Verdauen und Übernachten aber für gewöhnlich auf ihre Brutplätze zurück, bis sie spätestens August/September zunehmend ausbleiben bzw. abziehen" (KUMERLOEVE 1965). Ausführliche Angaben zur Brutbiologie machen WACKERNAGEL (1964), WARNCKE (1965, 1972), KUMERLOEVE (1965) und HIRSCH (1976). Als benachbarte Brutvögel wurden in Marokko angetroffen: *Milvus migrans, Falco biarmicus, F. tinnunculus, Alectoris barbara, Columba livia, Upupa epops, Monticola solitarius, Oenanthe oenanthe seebohmi, Oe. leucura, Phoenicurus moussieri, Petronia petronia, Pyrrhocorax pyrrhocorax, Corvus corax tingitanus, Corvus monedula.*

Die äußerst kritische Bestandssituation von *G. eremita* ist zweifellos überwiegend Menschenwerk, wobei ein Ursachenkombinat aus Plündern der Nester, Bejagung, Eingriffe in den Feuchtigkeitshaushalt der Nahrungsräume, intensive ackerbauliche Bewirtschaftungsmethoden, Verwenden von Bioziden (siehe PARSLOW 1973) die Lebensbasis der verhältnismäßig großen Vögeln, besonders der kopfstarken Brutkolonien, mehr und mehr eingeengt hat. Ständige Verkleinerung des Nahrungsangebotes dürfte vor allem die drastische Dezimierung der Populationen bewirkt haben. Hinzukommt, daß ein auffallend hoher Prozentsatz unbefruchteter oder unentwickelter Eier recht deutliche Unterschiede zwischen Gelegegröße und Brutgröße bedingt; auch bei den Jungen wurden hohe Ausfälle konstatiert (WARNCKE 1965, BROSSET fide KUMERLOEVE 1965).

MOREAU (1966), ROBIN (1973) und HIRSCH (1976) verweisen nachdrücklich auf die nachteiligen Folgen des Austrocknens der Lebensräume für Vorkommen und Reproduktion der Species. Nach MOREAU hätte die östliche Wüste Ägyptens mit ihren großen Felsfronten ein ideales Habitat während des feuchten Neolithikums und letztlich für eine beträchtliche Spanne danach abgegeben. Wahrscheinlich sei, daß überall in den ägyptischen Wüsten, den äußersten Südosten, um Djebel Elba, ausgenommen, die Austrocknung zu weit fortgeschritten ist, um diese Vögel überleben zu lassen. ROBIN vermerkt für Marokko, daß sich in manchen Jahren die von der Sahara ausgehende Trockenheit bis ins Küstengebiet und nördlich der Gebirgsbarriere des Hohen Atlas besonders bemerkbar mache. Er folgert aus eigenen Untersuchungen (Frühjahr 1973), daß die über die Ebenen verteilten Brutplätze am stärksten unter der Trockenheit leiden; entsprechend könnten die Brutkolonien bzw. die hier normalerweise besetzten Steilwände bis zur Mehrheit unbenutzt bleiben. Die ansässigen Brutpaare und zugehörige immature Stücke bildeten mehr oder minder unstete Fluggemeinschaften, die ihren Plätzen zwar treu bleiben, aber nicht brüteten. Im ganzen besser erginge es den im Küstenbereich nistenden Waldrappen, mehr noch jenen in den höheren Gebirgslagen. Gleichwohl fände nach bisherigen Feststellungen ein Populationsaustausch zwischen den verschiedenen Brutplätzen nicht statt. Demgemäß sei die Vermehrungsrate in den von der Trockenheit besonders betroffenen Kolonien unter Umständen extrem niedrig.

Wanderungen

Strich- und Zugvogel.

Definitive Winterquartiere sind weder von den nordwestafrikanischen noch vorderasiatischen Waldrappen bekannt. Bisher einzige Ausnahme scheint die Mündung des Massa (Marokko) zu sein, obwohl die Herkunft der Vögel dort unklar ist. HIRSCH (1976) schreibt dazu: „Sicher ist jedoch, daß das ganze Jahr über etwa 70 Waldrappen aller Altersklassen am Massa anzutreffen sind (P. ROBIN, M. THEVENOT briefl.)." Übereinstimmend charakterisieren mehrere Autoren (HEIM DE BALSAC u. MAYAUD 1962, DUPUY 1968, HAMEL 1975) den Vogel als vorzugsweise erratisch wandernde Species. MOREAU (in SMITH 1970) hält die Überschwemmungszonen des Niger im nördlichen Mali als Überwinterungsgebiet für geeignet. SMITH (1955) sieht Nord-Eritrea (Karora-Ebene) bis ins mitteläthiopische Hinterland (nördlich Addis Abeba) als Winterquartier der nahöstlichen Populationen an, schließt das Vorhandensein noch unentdeckter Vorkommen in Nordostafrika und im Jemen aber nicht aus. Nachweise, die letzteres zu stützen vermöchten, sind durchweg älteren Datums — 8 Ex. am 8. Mai 1921 bei Gizeh (MOREAU 1966), 1 Ex. gesammelt im Januar 1949 bei Lodar, westlicher Hadramaut (MEINERTZHAGEN 1954), Trupp von 24 knapp nördlich Jiddas am 3. März 1950 (TROTT fide MEINERTZHAGEN 1954).

Nordwestafrikanische Waldrappen wanderten bis Tunesien, südwestwärts bis Zemmur und Villa Cisneros (ehemals Spanisch Westsahara) — vgl. VALVERDE 1957, ETCHÉCOPAR und HÜE 1964 — und Mauretanien (SMITH 1970). Fide HIRSCH (1976) gibt es Hinweise darauf, daß sie der Atlantikküste nach Süden möglicherweise bis in den Senegal folgen. VAURIE (1965) erwähnt die Kapverdischen Inseln und die Azoren (einmal) als Fundorte. Erstnachweis für Spanien: Am 12. Juli 1958 wurde in den Marismas des Guadalquivir ein adultes ♀ gefangen.

Geronticus eremita (L.)

Waldrapp

Verwandtschaft

Mit dem südafrikanischen Glattnackenrappen *Geronticus calvus* (Boddaert) nächstverwandt.

Gliederung

Es scheint, daß *G. eremita* geographisch variiert. Vergleichende Messungen der Schnäbel von Bälgen adulter Stücke aus Nordostafrika und Nahost sowie Nordwestafrika ergaben, daß die Schnabellänge nordwestafrikanischer männlicher Waldrappen mit 12 mm signifikant größer ist als die der nordostafrikanischen bzw. vorderasiatischen. Disjunkte Verbreitung der Art und dadurch bedingte geographische wie genetische Isolierung legen den Gedanken an das Entstehen zweier Subspecies nahe (vgl. auch Hamel 1975).

Verbreitung

Die Bestandssituation des südwestpaläarktischen Vogels ist alarmierend. Die Zeiten, da Brutkolonien von hunderten Paaren bekannt wurden, dürften seit spätestens den 60er Jahren der Vergangenheit angehören — nach Moreau (1966) stellt der Waldrapp einen klassischen Fall reliktärer Verbreitung dar.

Bis ins 17. Jahrhundert bewohnte *G. eremita* das obere Rheintal, Österreich, die Schweiz, Italien (Hartert 1914, Géroudet 1965, Bauer u. Glutz von Blotzheim 1966, Schenker 1975, Schenker 1977). Heute ist das Brutgebiet drei- bzw. zweigeteilt: Nordwestafrika, Nordostafrika (nur sehr fragliche Hinweise) und Vorderer Orient. Tatsächlich sind rezente Brutplätze nur noch aus Marokko, Algerien und vom oberen Euphrat bekannt, an denen — verglichen mit den Bestandszahlen zu Beginn der 50er Jahre — fast ausnahmslos ein rapider Rückgang registriert wird. Smiths Schätzung von 1970 (knapp 1000 Paare im gesamten Verbreitungsgebiet) dürfte bereits wieder revisionsbedürftig sein (vgl. auch Kumerloeve 1978, p. 334). Man kann kaum noch umhin, Hamel (1975) beizupflichten, daß es nur eine Frage der Zeit ist, wann dieser interessante Ibis „in freier Wildbahn" ausgestorben sein wird. Um so größere Bedeutung gewinnen Schutzmaßnahmen (Porter 1973) und alle Versuche, die Species in Tierparks und zoologischen Gärten am Leben zu erhalten (vgl. Wackernagel 1964).

Unser Kartenbild repräsentiert etwa den Brutstatus der frühen 70er Jahre. Eine Grenzziehung schien gegenstandslos, da jener stark im Fluß und das norwestafrikanische Teilareal literarisch auffallend unvollständig belegt sind. Angesichts der weiten Zerstreuung der Populationen über unterschiedlichste geographische Regionen darf allerdings als sicher gelten, daß in diesen bisher unbekannte Brutplätze gelegentlich noch entdeckt werden (siehe u. a. Dubois u. Duhautois 1977). Hirsch (1976) bezifferte den marokkanischen Gesamtbestand für 1975 auf etwa 250 Paare bei 600—650 Exemplaren. Robin (fide Kumerloeve 1978) kommt sogar nur auf ca. 210 Brutpaare · rund 30 in E-Marokko, 50 im Mittleren und Großen Atlas, 100 im Küstenbereich und angrenzenden Ebenen, 30 im Süden des Atlas. Hirsch (fide Kumerloeve 1978) schätzt die derzeitige Kopfgesamtzahl für Marokko nurmehr auf 400—450 (180 Paare). — 1940 war sie noch mit 1500 Exemplaren (500 Brutpaaren) veranschlagt worden. In Ostmarokko sind die meisten Brutplätze (6 Kolonien Ende der 50er Jahre) erloschen. Vgl. auch Heinze et al. (1978) und Hirsch (1978).

Was die Situation in Nordostafrika (östliches Ägypten, Ostsudan, Eritrea, Äthiopien) und am West- und Südrand der arabischen Halbinsel (besonders Jemen) angeht, so liegen Sicht- und spärlichste Brutnachweise fast ohne Ausnahme um Jahrzehnte zurück (Reichenow 1900—1901, Hartert 1914 etc.); jedenfalls fehlt jede seriöse Bestätigung aus jüngerer Zeit.

Für den vorderasiatischen Raum schließlich scheint nur noch der obere Euphrat-Bogen (s. str.) als Brutgebiet aktuell, dessen bekannteste Kolonie, Birecik, zwischen 1953 und 1977 eine für die Art überhaupt wohl symbolhafte, eklatante Reduzierung erfahren hat — von etwa 500 Paaren auf 25 (36 juv.) 1975, 13 (17 juv.) 1976 und 11—13 Brutpaare (14—17 juv.) 1977 (detaillierte Angaben bei Hirsch 1976 und Kumerloeve 1978). Immerhin unterstrich Kumerloeve (1967) die Notwendigkeit, nach syrischen Brutkolonien zu suchen; nach Hinweisen von Moore und Boswell (1956) westlich von Abu Kemal, in der Region Raqqa, bei Tell Abyad. Hüe und Etchécopar (1970) halten die Existenz einer intakten Kolonie bei Mesken (Euphrat) für wahrscheinlich. Ein Brüten im Nordirak (siehe Allouse 1953, Vaurie 1965) bleibt vage.

G. eremita geht im Mittleren Atlas bis 2300 Höhe.

Spezialkarte der Verbreitung bei Robin 1973 (südliches und südwestliches Marokko) und Schenker 1977 (ehemals Europa).

Oekologie

Bauer und Glutz von Blotzheim (1966) charakterisieren mehr oder weniger kahle, häufig ganz unzugängliche Felswände in Binnengebirgen oder an Steilküsten, ferner Ruinen und sonstiges Gemäuer als Bruthabitat. Die Nester sind teils recht große, aus Reisern, Gras, Stroh und anderem Pflanzenmaterial geschichtete, manchmal mit Lumpen und Papier ausstaffierte Gebilde in Nischen, Höhlungen, Kuhlen, auch auf schmalen Simsen und im Schutz von Pflanzen. Kumerloeve

FUNDORTLISTE

Nr.	Fundort		Status	Quelle
1.	Küste von Insouance bis Aglou		ANa	Robin 1973
2.	S Wadi Massa		BNa	Heim de Balsac 1964
3.	Aoulouz (Taroudant)		Ba	Hamel 1975
4.	Ksar de Tasdrem		Ba	Hamel 1975
—	Anmed		Ba	Vernon 1973
5.	Ait-Ben-Haddou (Quarzazate)		ABNs	Deetjen 1964, Vernon 1973
6.	Einzugsgebiet des Wadi Tensift		Ba	Robin 1973
7.	bei Talmeste	↓	BJc BNa	Smith 1965 Vernon 1973
8.	Hochland von Ito		B	Naurois fide Heim de Balsac u. Mayaud 1962
9.	SW Azrou		Ba	Raimond 1974 fide Hamel 1975
10.	Djebel Zerhou	↓	Ba	Trommer 1974 fide Hamel 1975
11.	Foum Kheneg (S Timhadite)		Bs	Hamel 1975
—	Jorf Arbhalou		Ba	Rencurel 1974
—	Jorf Ait M'Hand		Ba	Rencurel 1974
—	Massiv bei Mischliffen		Bs	Rencurel 1974
12.	Schlucht von Recifa (Boulmane)	↓	Bs	Deetjen 1968, Hamel 1975
—	Ait Kermouss		BNa	Ruthke 1966
13.	Djebel Bou-Inane		Bc	Brosset 1961
14.	E Taza		BN	Saby fide Heim de Balsac u. Mayaud 1962
15.	Mechra Hommadi (Fluß Moulouya)		B	Brosset 1961
16.	Westliches und östliches Gaadet Beni Qual		Bc	Brosset 1961
17.	Gebiet von Debdou		B	Brosset 1961
18.	Zekkara-Massiv	↓	B	Brosset 1961, Brosset u. Petter 1966
—	Wadi Lefranne		Ba	Brosset 1961, Brosset u. Petter 1966
19.	Boghari	↓	B	Heim de Balsac u. Mayaud 1962
—	Ain Sba		Ba	Heim de Balsac u. Mayaud 1962
20.	Birecik		Ba	Porter 1973, Bauer 1974

Anmerkungen

Zu P. 7:

Hamel konnte im April 1974 hier keine Waldrappen feststellen.

Zu P. 10:

Vorkommen als erloschen anzusehen: Hamel fand im Frühjahr 1974 den Brutplatz verlassen vor.

Zu P. 12:

Hamel kontrollierte im April 1974 diesen Platz; keinerlei Anzeichen deuteten auf ein Anwesendsein bzw. Brüten der Vögel hin.

Zu P. 18:

In den 60er Jahren trafen Brosset und Petter in dieser Region keine Waldrappen mehr an. Nach Hamel (1975) muß angenommen werden, „daß viele Brutvögel höchstwahrscheinlich von Wilderern auf ihren Nestern abgeschossen wurden. Auch die geringe Fruchtbarkeit und schädigende Umweltfaktoren haben sicherlich zum Verschwinden dieser Population beigetragen, da von Gelegen mit 3–4 Eiern oft nur ein Junges überlebte. Die Kolonie am Qued Lefranne existiert ebenfalls nicht mehr, da der Brutfelsen durch einen Erdrutsch zerstört wurde".

Zu P. 19:

Nach Kumerloeve (1973–1974) erwies sich dieser Brutplatz im letzten April-Drittel 1972 als unbesetzt.

LITERATUR

Aharoni 1929 — Beitr. Fortpflanz. Biol. Vögel 5, 17–19.
Allouse 1953 — Avifauna Iraq. Baghdad.
Bauer 1974 — Anser 13, 31–34.
Bauer u. Glutz v. Blotzheim 1966 — Handb. Vögel Mitteleuropas (1). 448–454.
Brosset 1961 — Trav. Inst. sci. chérif. ser. Zool., 20.
Brosset u. Petter 1966 — Bull. Soc. Sci. nat. phys. Maroc 46, 399–405.
Deetjen 1964 — Alauda 32, 306/307.
Deetjen 1968 — Alauda 36, 287.
Dubois u. Duhautois 1977 — Alauda 45, 286.
Dupuy 1968 — Bull. Soc. Sci. nat. phys. Maroc. 47, 355–385.
Etchécopar u. Hüe 1964 — Oiseaux Nord de l'Afrique. Paris. 74–75.
Geroudet 1965 — Nos Oiseaux 28, 129–143.
Hamel 1975 — Vogelwelt 96, 213–221.
Hartert 1914 — Vögel paläarkt. Fauna 2. Berlin. 1223/24.
Heim de Balsac 1964 — Alauda 32, 248.
Heim de Balsac u. Mayaud 1962 — Oiseaux Nord-Ouest de l'Afrique. Paris. 72–74, 416.
Heinze etal. 1978 — Vogelwelt 99, 160.
Hirsch 1976 — Orn. Beob. 73, 225–235.
Hirsch 1978 — Vogelwelt 99, 133.
Hüe u. Etchécopar 1970 — Oiseaux Proche et Moyen Orient. Paris. 84–85.
Kumerloeve 1958 — Beitr. Vogelk. 6, 189–202.
Kumerloeve 1962 — J. Orn. 103, 389–398.
Kumerloeve 1965 — Vogelwelt 86, 42–48.
Kumerloeve 1967 — Alauda 35, 260–261.
Kumerloeve 1973–1974 — Angewandte Ornithologie 4, 114–116.
Kumerloeve 1978 — Ann. Nat.-Hist. Mus. Wien 81, 319–349.
Meinertzhagen 1954 — Birds Arabia. Edinburgh – London. 391–392.
Moore u. Boswell 1956 — Iraq Nat. Hist. Mus. 9.
Moreau 1966 — Bird Faunas Africa and Islands. New York–London. 70.
Parslow 1973 — Bull. Brit. Orn. Club 93, 163–169.
Porter 1973 — Bull. Orn. Soc. Turkey 9, 6–7.
Reichenow 1900–1901 — Vögel Afrikas (1) Neudamm. 323–324.
Rencurel 1974 — Alauda 42, 143–158.
Robin 1973 — Bonner zool. Beitr. 24, 317–322.
Ruthke 1966 — Bonner zool. Beitr. 17, 188–189.
Schenker 1975 — Orn. Beobachter 72, 37–43.
Schenker 1977 — Orn. Beob. 74, 13–30.
Smith 1955 — Ibis 97, 65–80.
Smith 1965 — Ibis 107, 507.
Smith 1970 — Bull. Brit. Orn. Club 90, 18–24.
Valverde 1957 — Aves Sahara Espanol. Madrid. 126.
Valverde 1959 — Ardeola 5, 143–145.
Vaurie 1965 — Birds palearct. fauna. Non-Passeriformes. London. 80.
Vernon 1973 — Alauda 41, 101–111.
Wackernagel 1964 — Orn. Beobachter 61, 49–56.
Warncke 1965 — Vogelwelt 86, 8.
Warncke 1972 — Vogelwelt 93, 23.

Briefliche Auskünfte erteilten: Hamel, Kumerloeve.

VII

1978

Nipponia nippon (Temminck)

bearbeitet von

I. A. Neufeldt und K. Wunderlich

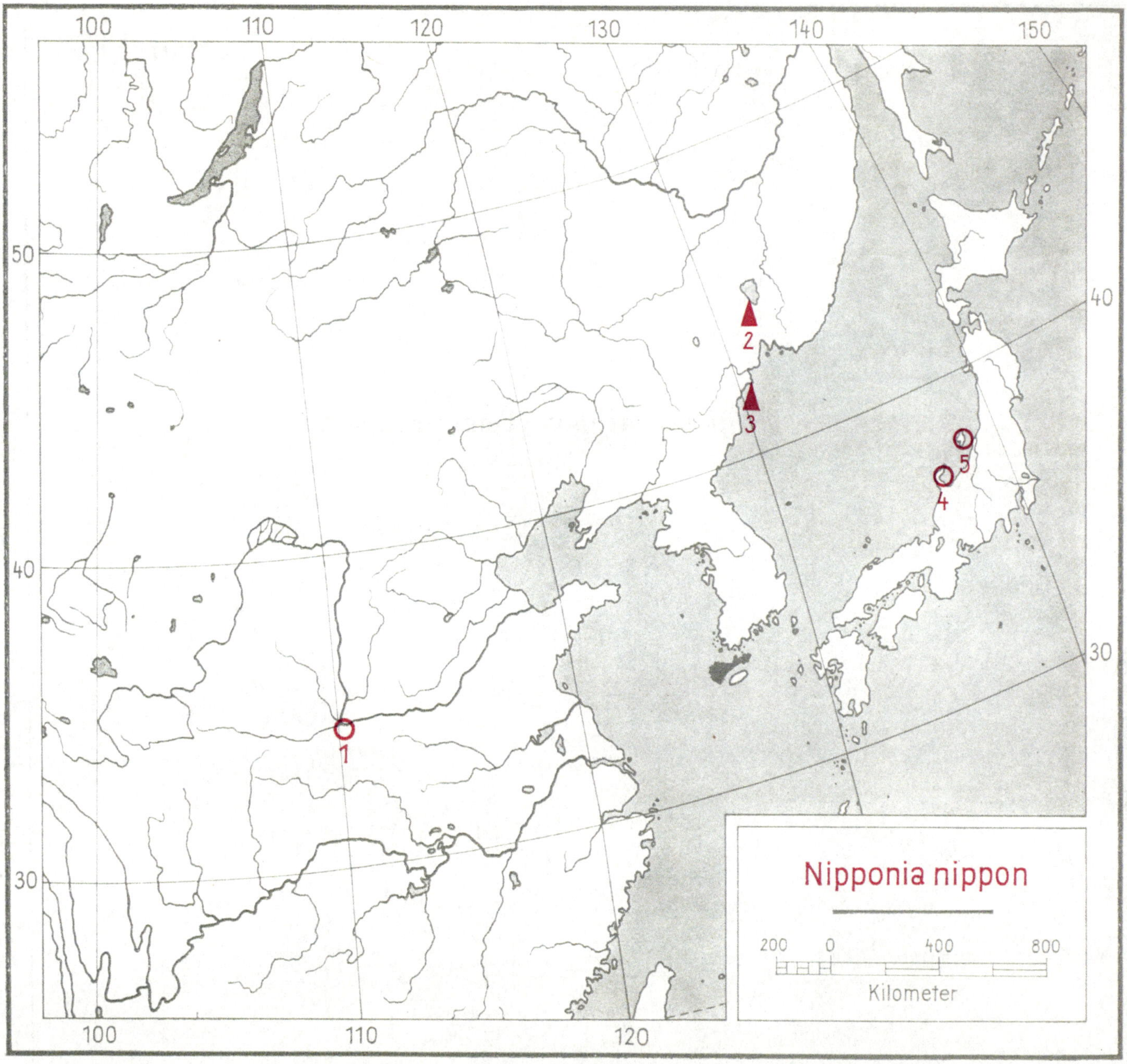

FUNDORTLISTE

Fundort	Quelle
1. Region Tsingling (IV.—VI. 1957)	As VINCENT 1966
2. Mündung des Flusses Mo (= Melgunowka) in Chanka-See (1 Ex. am 25. V. 1962)	As VINCENT 1966 nach DEMENTJEW 1965 (brfl.)
3. Chansan (12.—16. V. 1963 1 Paar; 30. V. 1963 1 Ex.)	As NAZAROW 1976 (brfl.)
4. Ishikawa (Halbinsel Noto; bis 1963)	B Check-list 1974
— bei Sue (1957)	Ns ITO 1958
5. Insel Sado	BNJs SATO 1955, 1961, Check-list 1974

An der Nordgrenze des Areals schicken sie sich im Laufe des Aprils an zu brüten: Im Quellgebiet der Sungatscha Fund eines Nests mit 2 erst kurz zuvor geschlüpften Jungen am 14. Mai 1869 (PRSHEWALSKIJ, l. c.), in der Ussuri-Mündung zwei Nester mit 3 und 4 Jungen ebenfalls im Mai (Beobachtungen von DYBOWSKIJ und GODLEWSKIJ, siehe TACZANOWSKI 1875). Nur wenig früher — in der ersten Aprildekade — hebt das Brutgeschäft in Japan an (SCHULPIN 1936, SATO 1955 u. 1961, ITO 1958, KIYOSU 1959). Im Süden (Anghwei, Chekiang) scheint die Brutzeit über einen Monat früher einzusetzen (vgl. SWINHOE 1873, LA TOUCHE 1934).

KOGA (1960) nennt Zweier-Gelege normal, Dreier-Gelege seien aber nicht ungewöhnlich. Selten wurden Vierer-Gelege gefunden (TACZANOWSKI 1875). Die Eier sind blaß bläulich-grau und mit braunen Flecken versehen (siehe bei SATO 1955 u. Farbfotos bei KIYOSU 1959).

Adulte Stücke erneuern alle Federn jährlich einmal nach der Fortpflanzungsperiode. Ein am 28. Juli am Chanka-See gesammeltes ♂ war schon in voller Mauser (PRSHEWALSKIJ, Tagebuch). Ende September bis Oktober mausern japanische Vögel ins rein weiße Ruhekleid. Ab Februar nimmt das Gefieder allmählich eine schmutzig graue Tönung an, die auf Halsseiten und Rücken intensiver ist. Dies geschieht auf dem Wege kosmetischen Anstrichs mit einem Stoff, den Hautpartien an Hals und Flanken produzieren (BEREZOWSKI u. BIANCHI 1891, UCHIDA 1970). Dieses eigentümliche Prachtkleid legen, wie durch Untersuchungen von SATO (1961, 1963, 1968) demonstriert, nur brutreife Ibisse an, beginnend mit dem 3. Lebensjahr.

Das Nahrungsspektrum umfaßt (nach Angaben in PRSHEWALSKIJS Tagebuch 1867—1869, SWINHOE 1873, SCHALOW 1901, SATO 1955, FENNELL u. KING 1964 und PANOW 1973) Wasserkerfe, hauptsächlich Käfer, Süßwassermollusken und -krebstiere, Frösche und kleine Fische. Im Magen eines am 6. Januar 1954 in Seoul tot gekauften ♂ fand sich neben Mollusken und Insekten etwas Reis (FENNELL u. KING 1964).

Wanderungen

Nach VAURIE (1965) sind die im Norden brütenden Zugvögel, die in Südostchina bis Hainan überwintern(vgl. auch bei CHENG 1976, p. 37). Die im Südwesten und Süden des Areals ansässigen dürften im wesentlichen Standvögel gewesen sein, die winterlichen Witterungsunbilden und mangelndem Nahrungsangebot vagabundierend auswichen. Verschiedene Autoren betonen die Rolle Koreas als Durchzugs- und Überwinterungsgebiet für jene. So sah KALINOWKIJ (TACZANOWSKI 1888) 50 km um Wonsan Flüge von über 50 Exemplaren. HASHIMOTO (fide AUSTIN 1948) begegnete am 2. April 1934 einem fliegenden Trupp von 20 bei der Insel Hachibi. WON PYONG-OH (1969) traf 2 im Norden von Seoul am 10. Februar 1966. ARCHIBALD 1975 (auch mdl. 1976) registrierte am 3. Dezember 1974 4 Stücke in der demilitarisierten Zone im Raum Kaesong.

Nachweise von Taiwan (Tamsay; SWINHOE 1863) und den Riu-Kius (SHO 1918) beanspruchen heute nur historisches Interesse.

Unsere Karte dokumentiert die wenigen Nachweise zur Brutzeit von 1950 bis dato. Der einzige intakte Brutplatz der Gegenwart scheint demzufolge Sado zu sein. Ein Areal umgrenzen zu wollen, war deshalb a priori müßig. Eingedenk dessen, daß die aktuelle Situation im Westareal (China) nahezu unbekannt ist (es darf füglich bezweifelt werden, daß die auf CHENGS Spezialkarte der Verbreitung von 1976 vermerkten 11 Fundorte neueres Geschehen darstellen), ist das Wiederaufleben alter Fundorte bzw. das Entdecken neuer dort spektakulär, wenn auch nicht gänzlich auszuschließen. NEUFELDT (1976) nimmt die Existenz einer kleinen Population noch im Amur-Bassin an — nach ARCHIBALDS Dezember-Beobachtungen von 1974 im mittleren Korea und ROSLJAKOWS Mitteilung (brfl. 1976), daß nach präzisen Beschreibungen Einheimischer Japan-Ibisse zwischen 1971 und 1974 und auch im Sommer 1975 am unteren Amur gesehen worden sind.

Der augenblickliche Tiefpunkt, an dem *Nipponia* angelangt ist, ist vom Menschen bewirkt worden (vgl. World Wildlife Fund 1975). GORE und WON PYONG-OH (1971) zitieren CAMPBELL (1892), wonach die Art im Winter und Frühling Koreas gewöhnlich sei, daß ihre geringe Scheu sie aber zur leichten Jagdbeute mache, und fügen hinzu, daß dies zweifellos den jetzigen Status erkläre. SHIMOKORIYAMA (1913) vermerkt eine Begegnung im herbstlichen Korea von 1911 (an der Grenzlinie Chungchong Namdo-Cholla Pukto) mit einem auf Kiefern rastenden Flug von einigen 1000 (!) — was heute allerdings schwer nachprüfbar ist. Nach LA TOUCHE (1934) fand WILLIS 1903, 1904 den Vogel brütend im Tal des Wei-Flusses: „Der Ibis ist dort einer der gemeinsten Vögel und kann im Frühling einzeln oder paarweise über die frisch gepflügten und bewässerten Felder stolzierend gesehen werden. Sie bauen ihre Nester in den großen Pappeln in und nahe den zahlreichen Dörfern.“ Im südöstlichen Kansu brüteten Japan-Ibisse zwischen 1884 und 1887 zahlreich. Sie nächtigten in Bäumen sowohl an den Rändern der Städte Hojsjang und Tschensjang als auch in deren Gärten und denen nahe liegender Tempel (BEREZOWSKI u. BIANCHI 1891). Bereits PRSHEWALSKIJ (Tagebuch 1867—1869, Zool. Inst. Leningrad) nennt *Nipponia* für das Ussuri-Gebiet selten. Zur Zeit seiner Forschungsreisen brüteten in der Chanka-See-Niederung höchstens 20 Vögel; der Art wurde eifrig nachgestellt, da ihr Fleisch (besonders das nestjunger) als sehr schmackhaft galt. Durchaus möglich, daß die große Ähnlichkeit der Ibis-Nester und -Eier mit denen von Krähen der Grund dafür war, daß jene oft örtlichen Einwohnern zum Opfer fielen. Jedenfalls berichtet SWINHOE (1873), daß ihm bei Ningpo (Chekiang) ein Chinese zwei *Nipponia*-Gelege brachte und darauf beharrte, sie einem Krähennest entnommen zu haben.

In Japan war der Ibis zwischen 1870 und 1890 durch rücksichtsloses Bejagen stärkstens dezimiert worden (KOGA 1960, YAMASHINA 1962). KOGA (1960) führt an, daß dort zu Beginn der 30er Jahre ältere Brutplätze neubesetzt, die wenigen Vögel jedoch durch das rigorose Abholzen der Wälder während und nach dem 2. Weltkrieg wieder nahezu ausgerottet wurden. Es liegt nahe, derart einschneidende Eingriffe in den Lebensraum, damit in den Feuchtigkeitshaushalt angrenzender Kulturlandschaft und deren Nahrungsangebot auch in anderen Gegenden als Ursachen — neben der direkten Vernichtung — für den Niedergang der Gesamtpopulation von *Nipponia* zu sehen.

Oekologie

Für den Japan-Ibis sind offene Süßwassersümpfe zum Nahrungserwerb und angrenzender Wald oder Gruppen hoher Bäume zum Brüten, Ruhen und Schlafen lebensnotwendig. Im Nord- und Ostareal findet er analoge Bedingungen in Mooren oder Reisfeldern, die meist auf Hügeln stockende Laub- und Nadelwälder säumen bzw. einschließen, vorzugsweise fern von menschlichen Ansiedlungen; wenn deren Nähe auch nicht von vornherein gemieden wird. AUSTIN und KURODA (1953) unterstreichen diese Ansprüche ans Habitat. ITO (1958) fand *Nipponia* bei Sue (P. 4) am Rande einer Waldinsel inmitten von Reisfeldern, von Bauernhäusern nicht weit abgelegen. SATO (1955) kontrollierte im April 1954 ein Brutpaar im Bergwald auf Sado weitab von jeder menschlichen Behausung. Ganz in der Nähe war ein Wasserlauf, Reisfelder waren über einen Kilometer entfernt. SCHULPIN (1936) charakterisiert kleinere Laubgehölze (aus Ahorn, Eiche, Linde, Ulme) mit reichem Unterwuchs als Brutplatz im Becken des Chanka. GORE und WON PYONG-OH (1971) kennzeichnen Marschen, offene Flächen in den Niederungen, stets in Wassernähe, als bevorzugte winterliche Nahrungsgründe in Korea. Im Südareal (China), in dem, wie in bergigen Gegenden Kansus, Shensis, auch Chekiangs, ungemein dichte Besiedlung alle für landwirtschaftliche Nutzung irgendwie geeigneten Tallagen völlig verändert hat und große Bäume lediglich unweit dörflicher Niederlassungen übriggeblieben sind, lebt bzw. lebte *Nipponia* mitten in der Kulturlandschaft (DAVID 1875, BEREZOWSKI u. BIANCHI 1891, LA TOUCHE 1934). Im Unterschied zum Ussuri-Gebiet und zu Japan, wo die Vögel stets einzeln brüten, nisten sie an jenen Stellen auch in Kolonien (vgl. SWINHOE 1873).

Die aus schwachen Ästen und alten Blättern kunstlos gebauten relativ kleinen Nester sind hoch über dem Boden in horizontalen Astgabeln von Kiefern, Eichen, Kastanien, Pappeln und anderen Bäumen (SWINHOE 1873, DAVID 1875, LA TOUCHE 1934, JAHN 1942, SATO 1955, ITO 1958).

PRSHEWALSKIJ (Tagebuch 1867—1869) schreibt, daß am Chanka-See die ersten Ibisse am 5. April 1868 und 25. März 1869 beobachtet wurden. Das Land war noch vollständig unter Schnee begraben, und die Temperatur bewegte sich fast stets unter dem Nullpunkt (nachts bis —13 °R). Die Vögel hielten sich anfänglich an den Ufern der Sungatscha auf, denn Seen und Sümpfe waren noch fest zugefroren. Zug wurde bis zum 12. April (1868) registriert; die Tiere flogen einzeln und paarweise. Ein am 2. April erlegtes ♀ trug ein bereits knapp haselnußgroßes Ei bei sich. Sobald ab Mitte April die Sumpfflächen eisfrei wurden, siedelten die Ibisse dorthin über; in der zweiten Aprilhälfte sah man sie nur noch selten, höchstens einzeln, an Flüssen. Auch Anfang Mai waren sie zugegen; ganz offensichtlich nahmen sie nicht weit von bewaldeten Bodenerhebungen, auf denen sie brüteten, Nahrung auf.

LITERATUR

ARCHIBALD 1975	Brolga Bugle 3, 2.
AUSTIN 1948	Bull. Mus. Comp. Zool. 101, 47—48.
AUSTIN u. KURODA 1953	Bull. Mus. Comp. Zool. 109, 335—336.
BEREZOWSKI u. BIANCHI 1891	Aves exped. Potanini Gan-su. St.-Petersb. 7—11.
BIANCHI 1915	Ann. Mus. Zool. Petrograd 20, 87.
BLAKISTON 1862	Ibis 16, 331.
CAMPBELL 1892	Ibis (6) 14, 244.
Check-list Japanese birds 1974	Tokyo. 37, 38.
CHENG 1976	List Chines. Birds (Rev. Ed.). Peking. 36—37.
DATHE 1976	Falke 23, 250.
DAVID 1875	Journ. de mon troisième voyage d'explor. dans l'Emp. Chinois 1, 265.
FENNELL u. KING 1964	Condor 66, 241.
GORE u. WON PYONG-OH 1971	Birds Korea. Seoul u. Tokyo. 121.
ITO 1958	Tori 14, 18—21.
JAHN 1942	J. Orn. 90, 241.
KIYOSU 1959	Birds life in Japan. Osaka. 2, 18—20.
KOGA 1960	Animals and Zoos 12, 14.
NEUFELDT 1976	Ochota i ochotn. choz. 12, 22—23.
PANOW 1973	Pticy jushn. Primorja. Nowosibirsk. 53.
RACHILIN 1976	Trudy Oksk. zapow. 13, 15.
SATO 1955	Tori 13, 46—49.
SATO 1961	Tori 16, 399—405.
SATO 1963	Tori 18, 9—12.
SATO 1968	Tori 18, 301, 313.
SAITO 1940	Yacho, 414.
SCHALOW 1901	J. Orn. 49, 409—410.
SHIMOKORIYAMA 1913	Zool. Mag. 25, 113—114.
SHO 1918	Tori 2, 58—68.
SCHIBNEW 1976	Trudy Oksk. zapow. 13, 15.
SCHULPIN 1936	Promysl. ochotn. i chischtschn. Pticy Primorja. Wladiwostok. 91—96.
SPANGENBERG 1940	Trudy Moskowsk. Zooparka 1, 82.
SPANGENBERG 1951	Pticy Sowj. Sojuz. Moskwa. 2, 373—376.
SWINHOE 1863	Ibis 20, 416.
SWINHOE 1873	Ibis 3, 249—253.
TACZANOWSKI 1875	J. Orn. 23, 256.
TACZANOWSKI 1888	Proc. Zool. Soc. London. 468.
TANABE 1971	Animals and Zoos 23, 155.
LA TOUCHE 1934	Birds Eastern China. London. 434—436.
UCHIDA 1933	Tori 8, 93—101.
UCHIDA 1970	Misc. Rep. Yamashina Inst. Ornith. 6, 54—72.
VAURIE 1965	Birds palearct. Fauna. Non-Passeriformes. London. 81.
VINCENT 1966	Red Data Book. Vol. 2.
WON PYONG-OH et al. 1969	Theses coll. 6, Kyung Hee Univ. Seoul, 305—351.
World Wildlife Fund 1975	Intern. Zoo News 22. 5, 36—37.
YAMASHINA 1962	Bull. I. C. B. P. 8, 77—78.

Briefliche Auskünfte erteilten: NAZAROW und ROSLJAKOW (Sowjetunion). Mündliche Auskunft: ARCHIBALD (Korea).

Nipponia nippon (Temminck)

Japan-Ibis

Zur Verbreitung

Die Bestandssituation dieses fernöstlichen Vogels verdient es, bestürzend genannt zu werden. Angesichts eines Überrests von 11 bzw. 15 Exemplaren zwischen Beginn und Mitte der siebziger Jahre (TANABE 1971, World Wildlife Fund 1975, DATHE 1976) ist es höchst fraglich geworden, ob die Art die Jahrtausendwende noch lebend erreicht. Die extrem geringe Reproduktion (nur wenige Paare ziehen noch gelegentlich Junge auf; von jenen befindet sich keines in Gefangenschaft) läßt befürchten, daß *Nipponia* in naher Zukunft aussterben wird. Sorgfältig ausgewogene Schutzmaßnahmen und aufmerksames Management an den letzten japanischen Brutplätzen vermochten jedenfalls bisher nicht, den äußerst bedrohlichen Rückgang nennenswert aufzuhalten. Das „Red Data Book" der „Survival Service Commission" der IUCN stufte 1966 die ganze Species als kritisch gefährdet ein.

Noch in der zweiten Hälfte des vorigen Jahrhunderts reichte das — allerdings unzusammenhängende — Brutareal von Südkansu im Westen (äußerster Fundort Tschensjang, siehe BEREZOWSKI u. BIANCHI 1891), dem Ussuri-Gebiet im Norden (höchster Punkt Mündung des Ussuri in den Amur, siehe TACZANOWSKI 1875), Hokkaido im Osten (östlichster Fundort Komotatake, siehe BLAKISTON 1862, SCHULPIN 1936) bis ins südwestliche Chekiang im Süden (DAVID 1875). Im winterlichen Korea war *Nipponia* gewöhnlich (TACZANOWSKI 1888, CAMPBELL 1892).

Zwischen 1900 und 1930 existieren die Brutvorkommen in Südkansu (westlich bis Vychzha-Chuan — siehe BIANCHI 1915 — und Wudu — siehe VAURIE 1965), West- und Südshensi und Anghwei, wenn auch deutlich vermindert, fort. Überwinternde Stücke wurden in Korea mehrmals registriert, ein Brutplatz im südlichen Primorje wurde noch bis 1917 angezeigt (Noworusanowka, siehe SCHULPIN 1936). Das Vorkommen auf Hokkaido war erloschen.

Zwischen 1930 und 1950 hörten die chinesischen Vorkommen fast ausnahmslos zu bestehen auf, der sowjetische Ferne Osten wurde als Brutgebiet überaus unsicher — obgleich dort einzelne Vögel zuweilen während der Nistperiode angetroffen wurden (siehe bei SPANGENBERG 1940, 1951; bei SHIBNEW 1951, PANOW 1973, RACHILIN 1976). In Japan erlosch (SAITO 1940) der Brutort Oki-Inseln, lediglich die Präfektur Ishikawa (Halbinsel Noto, Honshu), und die Insel Sado (W Honshu) beherbergten *Nipponia nippon* noch als Brutvogel (UCHIDA 1933).

VII

1978

Grus monacha Temminck

bearbeitet von

I. A. Neufeldt und K. Wunderlich

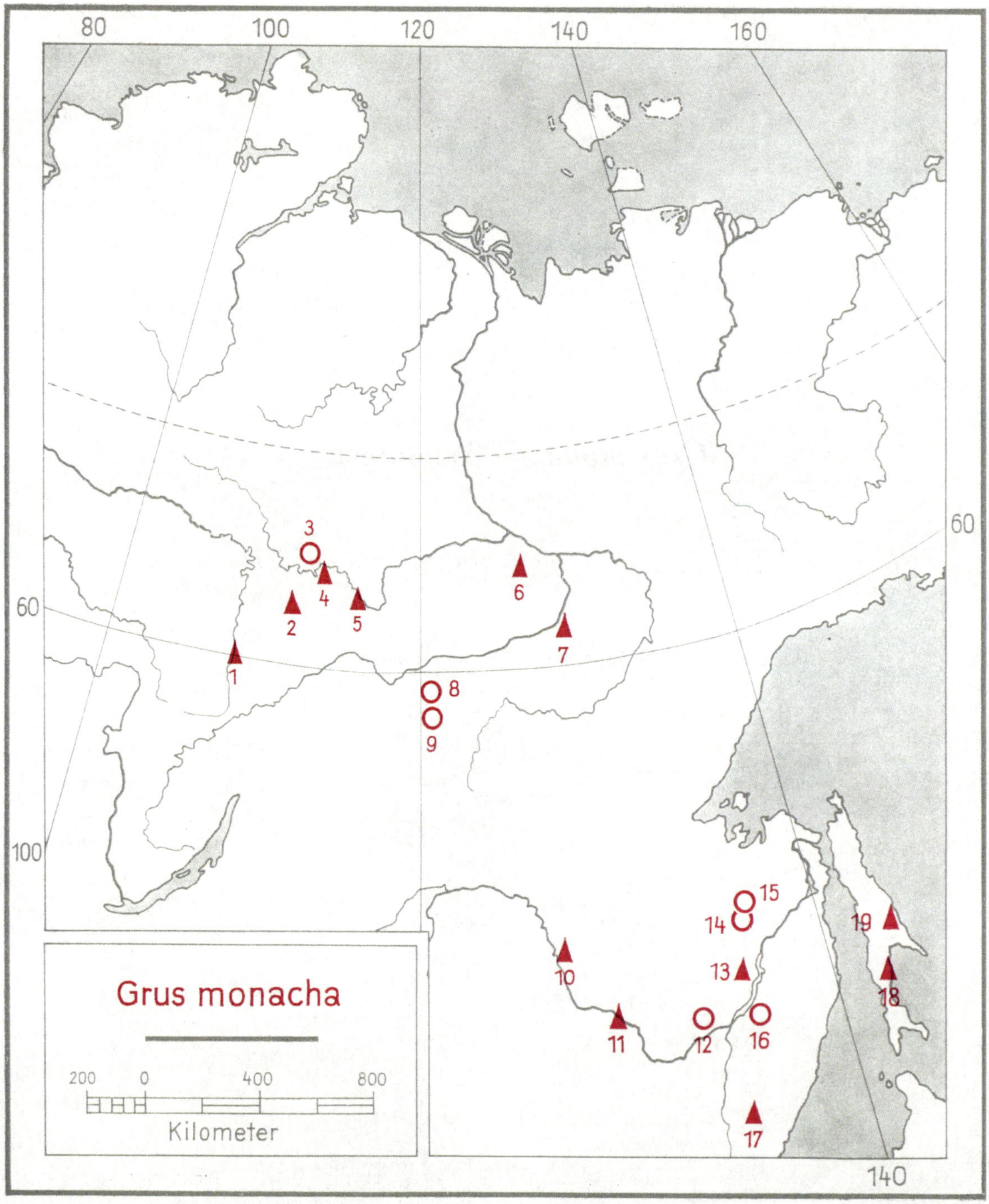

FUNDORTLISTE

Fundort		Quelle
1. Erema u. Shdanowa	AB	Suschkin 1938
2. Tuoj-Chaja ↓	A	Andrejew 1974
3. Achtaranda	BAJ	Andrejew 1974
4. Sjuljdshjukjar	BANc	Andrejew 1974
5. Werchnij Mjajik u. Wiljutschan	AB	Andrejew 1974
6. Kobjaj	B	Andrejew 1974
7. Jakutsk	A	Coll. Zool. Inst. Leningrad
8. Fluß Tokko	A	Worobjew 1963
9. Fluß Tjanja	A	Worobjew 1963
— Fluß Nishneje Dshege	AJ	Worobjew 1963
10. Klimouzy	A	Smirenskij u. Böhme 19746
11. Ukrainka	A	Panjkin u. Neufeldt 197
12. Fluß In	A	Jachontow 1975
— 15 km NE Birobidshan	A	Rosljakow brfl. 1976
13. Mündung des Simmi in See Bolonj	A	Rosljakow brfl. 1976
14. Oberlauf des Gorin	A	Worobjew 1963

HEMMINGSEN (1951) machte darauf aufmerksam, daß die Species bemerkenswerte Neigung zeige, gemischte Flüge zu bilden; 72,5% aller von ihm in Nordostchina beobachteten Zügler flogen gemeinsam mit *G. grus*.

AUSTIN (1948) nennt *G. monacha* als Wintergast für Korea nicht ungewöhnlich; in der Regel träfen die Vögel im späten November oder Anfang Dezember ein und zögen im März wieder ab. Kuroda (1937) vermerkt die Ankunft des Gros etwa 1 Monat nach der von *G. vipio* und den Abzug der letzten für den 10. März. Als größter Flug wurden 200 Exemplare am 10. Februar 1946 bei Suwon gesehen. Kleinere Flüge bestünden aus 2—25 Vögeln.

Fide ARCHIBALD (1974) wurden unlängst 22 Exemplare in der demilitarisierten Zone zwischen den beiden Koreas gesehen.

Für Japan charakterisieren AUSTIN und KURODA (1953) die Art als einst überaus gewöhnlichen Überwinterer von Südhokkaido bis Kiushiu; auch TAKA-TSUKASA (1967) apostrophiert sie als ,,the communest crane in Japan . . . was common ewerywhere throughout the land prior to Meiji era“. Heute erscheinen Mönchskraniche (nach KOGA 1975) regelmäßig nur noch in Yashiro Village, Yamaguchi-Präfektur (Südwesthonshu), und bei Sendai City, Kagoshima-Präfektur (Südkiushiu). In Yashiro wurden 1897 35, 1921 100, 1940 355, 1950 160, 1960 132, 1970 91 und 1972 106 Vögel registriert (von Mitte Oktober bis Mitte März). KAWAMURA publizierte 1975 bemerkenswerte Ergebnisse 15jähriger Kontrollen des Schlaf- und Verhaltens am Schlafplatz überwinternder Mönchskraniche bei Yashiro (u. a. konnten 19 Schlafplätze mit 1—38 Vögeln, oft als Familie — 2—4 Ex. — , kartiert werden). Sendai beherbergt die überwinternde Species wahrscheinlich erst seit etwa 270 Jahren, ca. 10 Jahre, nachdem das Gebiet dräniert worden war. Sie tritt hier ab Ende Oktober (frühe Exemplare schon in der ersten Oktoberhälfte — über 10 Tage vor ersten *G. vipio*) bis Anfang März meist mit *G. vipio* vergesellschaftet auf. Im Winter 1917 wurden lediglich 50 gezählt, nach 1921 jedoch — als die Kraniche geschützt und ein Fütterungsprogramm begonnen worden waren — vergrößerten sich die Anwesenheitsziffern sprunghaft:

1927	400	1950	265	1966	1447	1972	2286.
1929	600	1960	376	1969	1562		
1939	3435	1961	723	1970	2072		
1947	250	1963	1053	1971	2023		

Für das winterliche Japan von 1976/77 gibt FLINT (1978) insgesamt 2787 Mönchskraniche an.

mit eingestreuten, ziemlich hohen Horsten von *Betula fruticosa*. In der Gras-Zwergstrauch-Schicht dominierten *Ledum palustre* und *Chamaedaphne calyculata*, seltener fand sich *Vaccinium uliginosum* vor, hier und da *Oxycoccus quadripetalus* in Fülle. Zerstreut wuchsen *Iris laevigata*, *I. kaempferi*, *Carex schmidti*, *C. meyeriana*, *Phragmites communis*, *Menyanthes trifoliata*, massenhaft *Eriophorum vaginatum*. Den Boden bedeckten u. a. *Sphagnum orientale*, *Polytrichum commune*, *Aulacomnium palustre*. Offenes Wasser war kaum vorhanden. Die Moorflächen waren ausnahmslos begehbar, wenn auch unter der Moosdecke überall Wasser stand, das sich auf Wildwechseln und in -suhlen sammelte.

Neufeldt und Pukinskij (1976) betonen, die Art sei — obgleich im skizzierten Habitat gewöhnlich — bei der Wahl der Brutplätze auffallend konservativ; dies derart, daß sie sich an davon relativ gering abweichenden Stellen schon deutlich weniger regelmäßig ansiedle — das brächte die außerordentlich zerstreute Verbreitung der Brutvögel zuwege. „Am Bikin, zwischen Werchnyj Perewal und Ulunga, gibt es 6—7 ähnliche ‚Mari‘, von denen, nach Berichten Einheimischer, jede ein Paar beherbergte. Diese Fingerzeige kamen der Wirklichkeit nahe: Pukinskij traf auf 2 von 3 solchen Mooren Mönchskraniche an. Man beobachtete sie brütend auch den Bikin weiter abwärts — in den großen (20—30 km langen und 5—10 km tiefen) Konichez- und Silaschan-Mari“ (l. c.). Nach vorläufiger Schätzung (Pukinskij 1977) leben hier, auf einer Fläche von ungefähr 6000 km², von denen die Sumpfgebiete 7—12% ausmachen, höchstens 14—16 Brutpaare und weitere 12—15 Übersommerer.

Worobjew (1963) zufolge brütet die Art in Südwestjakutien (Olekma-Tschara-Hochland) in mit spärlichem Aufwuchs versehenen weitläufigen Moossümpfen der Taiga, auch auf vernässten, von Buschwerk und Wald umrahmten Lichtungen.

Für das Wiljuj-Gebiet zählt Andrejew (1974) *G. monacha* zu den Charaktervögeln der Taiga in 500—700 m Höhe. Typisches Bruthabitat bildeten versumpfte lichte Lärchenwälder auf den Wasserscheiden mit üppigen Moospolstern, auch nasse Flachmoore. Die Nester stünden in schütteren Wäldern oder auf nahen sumpfigen Brandflächen. Diese dienten offensichtlich als Äsungsplätze; dort erschienen die Kraniche auch mit ihren Jungen. Zum Vergleich: *G. grus* bevorzugt im Wiljuj-Becken die großen flachen Täler der Taigaflüsse, wo Wiesen mit Ried- und Reitgrasbülten vorhanden sind, auch trockenere Flecken mit Zwergbirken. Am mittleren Wiljuj übertreffen die Mönchskraniche die grauen Verwandten an Zahl; wie Alteingesessene bezeugten, seien jene bis in die 40er Jahre recht häufig gewesen.

Pukinskij kontrollierte über mehrere Jahre Brutplätze am Bikin. Die beobachteten Nester waren entweder an einander kreuzenden Wechseln von Isubrahirschen (*Cervus elaphus xanthopygus*) oder an anderen Stellen, an denen die Vegetation niedergetreten oder — aus welchen Gründen auch immer — niedergedrückt worden war, nicht allerdings auf Bodenerhebungen. Die Nestböden bestanden aus feuchtem *Sphagnum*, durchsetzt mit Torfstückchen und Riedrhizomen, Nestplattformen aus Riedhalmen, Wurzeln und wenigen Zweigen von benachbartem Birkengebüsch, selten von *Larix*. Es wurden auch vorjährige Nester als Unterlage benutzt. Die Mulden waren mit Grashalmen ausgelegt. Die Nester erreichen 60—80 cm Durchmesser, 25 cm Höhe, die Mulden 40 × 45 cm, die Polsterung 5 cm Stärke.

Die Eiablage begann in der Bikin-Niederung Mitte bis Ende April. Vollgelege bestehen aus 2 Eiern, die denen von *G. grus* sehr ähneln: oliv, bräunlich oder rötlich getönt mit sattbraunen und hellroten Flecken, die sich am stumpfen Pol häufen (über ein Gelege aus Gefangenschaft siehe bei Schönwetter 1942). Am 20. Mai 1974 erwies sich in einem Nest ein Ei als unbefruchtet, das zweite enthielt einen 20—25tägigen Embryo (Neufeldt u. Pukinskij 1976, Pukinskij 1977).

Jahn (1942) fand Mitte Februar 1939 in Jashiro unter 140 überwinternden Vögeln 13% junge, kein Paar hatte mehr als 1 Junges. Offenbar gelingt es diesem Kranich nur selten, 2 großzuziehen.

Über das Nahrungsspektrum wissen wir wenig. Nach Andrejew (1974) und Pukinskij (1977) überwiegt Pflanzliches während der Brutzeit: Beeren (*Oxycoccus quadripetalus*, *Vaccinium uliginosum*, *V. vitis-idaea*), Wollgras-(*Eriophorum*) Sprosse und Knospen. Besonders regelmäßige Beutetiere im Sommer sind Winkelzahnmolche (*Hynobius keyserlingi*), Frösche und Insekten. Jahn (1942) ermittelte im japanischen Winterquartier Wurzeln und Knollen von auf Feldern wachsenden Kultur- und Wildpflanzen, daneben in geringer Menge kleine Mollusken und kleine Fische.

Wanderungen

Zugvogel, der sein Brutareal verläßt und in Japan und Korea überwintert. Berichte von Überwinterung am unteren Jangtse haben fast Altertumswert (Styan 1891); gleichwohl ist auf Chengs Spezialkarte (1976) dieses Gebiet als Winterherberge markiert. Baker (nach Ali u. Ripley 1969) will im Dezember 1899 ein junges Stück in Nordassam geschossen haben.

Die meisten jakutischen Mönchskraniche ziehen offensichtlich über den Norden des Irkutsker Raumes und Transbaikalien (an den Torej-Seen noch heute Flüge von 80—100 Vögeln anzutreffen — Golowuschkin brfl. 1976), wo sie sich mit lokalen Übersommerern und den aus Südsibirien herankommenden vereinigen. Danach fliegen sie durch NE-Mongolei und Barga, queren die Innere Mongolei (Dalai-Nur u. Kalgan — Prshewalskij 1876), Hopeh (Zinjchuando — Hemmingsen u. Guildal 1968) und erreichen über Korea und Korea-Straße bzw. Tsushima-Meerenge die südjapanischen Winterquartiere.

Ein anderer Teil der jakutischen Vögel zieht wahrscheinlich jenseits des Großen Chingans durch die riesige Niederung des Amur-Mittellaufes und trifft auf die aus dem unteren Amurland kommenden. Im südlichen Primorje findet augenscheinlich nur geringer Durchzug statt (Fluß Sungatscha nahe Chanka-See — Prshewalskij 1867—1869, Mündung der Tumannaja beim Chasan-See — Schibajew 1975). Es ist nicht auszuschließen, daß die meisten *G. monacha* vom Bikin zusammen mit denen vom unteren Amur den Sungari aufwärts fliegen und über Liaoning-Provinz und Korea die japanischen Überwinterungsplätze gewinnen.

Grus monacha Temminck

Mönchskranich

Verwandtschaft

Monotypische Art, am nächsten wohl mit *Grus grus* verwandt. Johansen (1961) rechnet sie — neben *G. leucogeranus* — zu den altertümlichen Resten einer Vorzeit — vielleicht noch des Tertiärs —, die im ostsibirischen Raum entstanden und im Aussterben begriffen sind. „Daß sie sich bis jetzt haben erhalten können, ist wohl nur den unendlichen Weiten Sibiriens mit abgelegenen Stellen zu verdanken" (l. c.). Gelegentliche Fälle fraglicher Verpaarung mit *G. grus* wurden aus der Mitte der 60er Jahre bekannt: Mai 1965 bei Wiljutschan am mittleren Wiljuj, beteiligt *G. monacha*-♀ mit gut entwickeltem Ovar; Juni 1966 Misch-„Paar" am oberen Kuranach (Andrejew 1974). Bei Walkinshaw (1973) findet sich die Photographie einer überwinternden Familie aus *G. grus*-♂ und *G. monacha*-♀ samt Jungem.

Verbreitung

Sehr zerstreut. Allerdings ist das Areal noch wenig untersucht: Sowjetische Ornithologen schicken sich an zu sondieren, wo Brutplätze erwartet werden dürfen. Insofern erübrigt sich gegenwärtig der Versuch, ein Areal umgrenzen zu wollen. Erwiesenermaßen brütet die Species im Wiljuj-Becken, auf dem Olekma-Tschara-Hochland und im Bikin-Bassin — sehr wahrscheinlich auch am Oberlauf der Unteren Tunguska, in der unteren Amur-Niederung und in Zentralsachalin. Es ist denkbar, daß weitere Brutplätze in dem ornithologisch noch unerschlossenen Talkessel der oberen Zeja und am Oberlauf der Selemdsha mit ihrem großen Nebenfluß Nora entdeckt werden; dort nehmen für *G. monacha* charakteristische Habitate bedeutenden Raum ein (siehe auch Neufeldt 1977). Flint (1978) vermutet eine Brutpopulation von wenigstens 1000 Paaren auf sowjetischem Gebiet. Cheng (1976) verzeichnet auf seiner Spezialkarte der Verbreitung für China 2 Fundorte: S Hailar und am Sungari-Unterlauf.

Übersommernde Junggesellen und brutreife Stücke wandern nicht nur weit im Brutgebiet umher, sondern auch über dessen Grenzen hinweg, oft in Landstriche mit natürlichen Bedingungen, die von den bislang bekannten Nisthabitaten erheblich abweichen. Hier geraten sie stets in Brutareale bzw. auf Rastplätze und in Nahrungsgründe von *G. g. lilfordi*, mit dem sie sich nicht selten vergesellschaften und der sie möglicherweise auch weit westlich ihrer traditionellen Brutplätze und Zugrouten „mitnimmt", bis in die Baraba-Steppe. Die wichtigsten Gegenden, in denen sich nomadisierende Nichtbrüter einzeln oder zu mehreren aufhalten, sind versumpfte Partien der Waldsteppen- und Steppenebenen in:

1. West- und Mittelsibirien (westlichste Fundorte bisher Karatschi-See u. Tarmakulj — Ruzskij 1940, und Popowaja — Zalesskij 1921; südlichste Punkte Woltschicha — Bondarew 1976, u. Sarytsch-Buluk — Januschewitsch 1952).

2. dem mittleren und (bes.) Südtransbaikalien, wo man ihnen im Sommer, regelmäßig während des Frühjahrszuges, seltener auf dem Herbstzug begegnen kann (Irkana — Gagina 1954, Tschiwyrkujsker Bucht u. Fluß Tompuda am Baikal — Malyschew 1960, Skrjabin u. Filonow 1962; Schurgaljdshin u. Fluß Orotscha — Pawlow 1948, 1976; Seen Barun-Torej u. Zun-Torej — Stegmann 1928, Leontjew 1976, Golowuschkin brfl. 1976). An den Torej-Seen, wo Stegmann (l. c.) im Juni 1925 noch Flüge von hunderten Exemplaren antraf, werden heute sommers nur einzelne Vögel und kleinere Trupps registriert.

3. an die daurischen Steppen grenzender Barga und offenbar Nordostmongolei (Chajlar u. Jakeschi — Loukashkkin 1934, 1939).

Weit im Nordosten, knapp unter dem Polarkreis bei Arylach an der Oshogina, wurde im Juli 1950 ein krankes, offensichtlich verflogenes ♂ gesammelt (Jachontow brfl. 1976).

Es hat den Anschein, als vergrößere sich die Zahl der Vögel in den genannten Gebieten etwas. Im Red Data Book der IUCN wird die Art als selten eingestuft, jedoch gleichfalls ein geringes, wenn auch „zufriedenstellendes" Anwachsen der Gesamtpopulation — in Anlehnung an Resultate jüngerer Zählungen im südjapanischen Winterquartier — konstatiert. Dessenungeachtet dürfte die Kopfgesamtzahl wenige tausend nicht übersteigen. Jagdverbot in der Sowjetunion, gesetzlicher Schutz und überwiegende Verehrung der überwinternden Kraniche als göttliche Sendboten dürften den anthropogenen Druck auf die Art vorerst abschwächen.

1968 befanden sich 73 Exemplare in Gefangenschaft, darunter 15 ♂♂, 13 ♀♀, 45 waren geschlechtlich unbestimmt.

Im Juni 1976 glückte es — erstmalig auf der Welt — in Baraboo (Intern. Crane Found.), von Mönchskranichen in Gefangenschaft Nachkommen zu erhalten (siehe Brolga Bugle 1976).

Oekologie

Zur Brutzeit an mit schütterem *Larix*-Wald bestandene Sümpfe der mittleren und teils südlichen Taiga des mäßig hohen Ostsibiriens und sowjetischen Fernen Ostens gebunden. Diese Sümpfe — „Mari" — sind oft in der Zone des Dauerfrostbodens, der sommers nur oberflächlich auftaut, gelegen.

Pukinskij fand 1974 am Bikin-Mittellauf, unweit des Dörfchens Barchatnoje, östlich von Olon, erstmals Nester im Hochmoor, in 200—600 m Höhe. Rund zwei Drittel des Moores überzog spärlicher, kümmernder Wald aus *Larix dahurica*

15. See Eworon		A ROSLJAKOW brfl. 1976
– Mündung des Ewur in Eworon		A ROSLJAKOW brfl. 1976
16. Fluß Muchenj		A JACHONTOW 1975
17. Fluß Bikin 25 km oberhalb Krasnij Jar		BNJ PUKINSKIJ 1975, PUKINSKIJ 1977, Coll. Zool. Inst. Leningrad (NEUFELDT)
18. bei Najer (= Gastello)	↓	A(J ?) TAKA-TSUKASA 1967
19. Fluß Langeri bei Pogranitschnoje		A BENJKOWSKIJ brfl. 1976

Anmerkungen

Zu P. 2:

Die Beobachtungen ANDREJEWS wurden zur Zugzeit (II. 1965), aber im Brutgebiet gemacht.

Zu P. 18:

Die Bewertung dieses Fundes wird dadurch erschwert, daß der Autor zwar mitteilt, im Juni sei ein junger Vogel auf Sachalin gesammelt worden, genaueren Hinweis auf dessen Alter jedoch unterläßt — was für den Status der Art auf der Insel sehr bedeutsam gewesen wäre. Deshalb „A(J ?)"

LITERATUR

Anon. 1976	Brolga Bugle 4, 1.
ALI u. RIPLEY 1969	Birds India and Pakistan. vol. 2. Bombay. 140–141.
ANDREJEW 1974	Pticy Wiljujsk. bass. Jakutsk. 131–136
AUSTIN 1948	Bull. Mus. Comp. Zool. 101, 98.
AUSTIN u. KURODA 1953	Bull. Mus. Comp. Zool 109, 400.
ARCHIBALD 1974	Animal Kingdom. vol. 77, 19–24.
BONDAREW 1976	Trudy Oksk. zapow. 13, 131.
CHENG 1976	List Chines. Birds (Rev. Ed.). Peking. 164.
FLINT 1978	Priroda 66, 25, 28.
GAGINA 1954	Izw. Wost.-Sibir. Geogr. Ob 58, 71.
HEMMINGSEN 1951	Spolia Zool. Mus. Haun 11, 65–74
HEMMINGSEN u. GUILDAL 1968	Spolia Zool. Mus Haun 38, 302–304
International Zoo Yearbook 1969	9, 301.
JACHONTOW 1975	Daljnewost. utsch 23, 4.
JAHN 1942	J Orn 90, 293–295.
JANUSCHEWITSCH 1952	Fauna pozw Tuwinsk. Obl. Nowosibirsk 23.
JOHANSEN 1961	J. Orn 102, 389
KAWAMURA 1975	Misc. Rep. Yamashina Inst. Orn. 7, 550–561.
KOGA 1975	Zool. Garten (NF) Jena 45, 81–96.
KURODA 1937	Tori 9, 308
LEONTJEW 1976	Trudy Oksk. zapow 13, 130.
LOUKASHKIN 1934	Westn. Manjtschshurii 9 Charbin 93–113.
LOUKASHKIN 1939	Rep Inst. Sci. Res. Manchoukou 3, 1–38.
MALYSCHEW 1960	Trudy problem i temat. sowescht. ZI AN SSSR 9, 83
NEUFELDT 1977	Ornitologija 13, 56–61.
NEUFELDT u. PUKINSKIJ 1976	Crane Research around the world 1, Baraboo. Im Druck.
PANJKIN u. NEUFELDT 1976	Trudy Oksk zapow. 13, 131.
PAWLOW 1948	Pticy i zweri Tschitinsk. obl. Tschita. 31–32.
PAWLOW 1976	Trudy Oksk zapow 13, 130.
PRSHEWALSKIJ 1867–1869	Tagebuch Ussuri-Reise; NEUFELDT 1976
PRSHEWALSKIJ 1876	Mongolija i strana tangutow. 2. St. Peterburg 137.
PUKINSKIJ 1975	Po taeshnoj reke Bikin. Moskau. 80–82.
Red Data Book 1969	2.
RUZSKIJ 1940	Trudy Biol. Inst. Tomsk. Univ 7, 116–118.
SCHIBAJEW 1975	Proc. Inst. Biol. Ped Far East Sci. Centre Ac. Sci. USSR 29, 256.
SCHÖNWETTER 1942	Beitr. Fortpflanzungsbiol. Vögel 18, 122.
SKRJABIN u. FILONOW 1962	Trudy Bargusinsk zapow 4, 124.
SMIRENSKIJ u. BÖHME 1974	Mat. VI. Wsesojuzn. Orn. Konf. 1, 234.
STEGMANN 1928	Ann Mus Zool. Acad Sci. de l'URSS 29, 161–163.
STYAN 1891	Ibis 6 (3), 502.
SUSCHKIN 1938	Pticy Sowetskogo Altaja. Moskau–Leningrad 220.
TAKA-TSUKASA 1967	Birds Nippon Tokyo 528–531
WALKINSHAW 1973	Cranes of the world. New York 70–77.
WOROBJEW 1963	Pticy Jakutii. Moskau 88–89.
ZALESSKIJ 1921	Westn Tomsk ornit. Ob. 1, 32–33.

Briefliche Auskünfte erteilten: BENJKOWSKIJ (Sachalin), GOLOWUSCHKIN (Transbaikalien), ROSLJAKOW (unteres Amurland), JACHONTOW (Amurland u. Jakutien).

VII

1978

Grus leucogeranus Pallas

bearbeitet von

I. A. Neufeldt und K. Wunderlich

Grus leucogeranus
200 0 400 800
Kilometer
60
100
140
160
180
70
60
50
80
100
120
140
1
2
3
4
5
6
7
8
9
10
11
12
13
14
15
16
17
18
19
20

Der Nonnenkranich zieht bis heute durch die Turgai-Senke (8.—19. 4. 1961 Flug von 56 Ex. — ELKIN 1976) und die nordkaspische Tiefebene (TSCHERNJAWSKAJA 1974, PISCHWANOW 1976, POSLAWSKIJ 1976, RUSANOW u. TSCHERNJAWSKAJA 1976). Im Wolga-Delta wurde stärkerer und häufigerer Frühjahrs- als Herbstzug registriert; allerdings waren die Kopfzahlen in den beobachteten Flügen ziemlich niedrig — 22 bzw. 8 (nach Unterlagen im Archiv des Astrachaner NSG von 1927—1973).

Die östliche Zugstraße ist nach 1960 nur noch spärlich belegt: Bargusin-Mittellauf, 2 ad. am 10. 5. 1962 (FLINT u. KISCHTSCHINSKIJ 1975); Schigajewo (Selenga-Delta), 1 ad. am 24. 5. 1972 (TOLTSCHIN et al. 1974); Fluß Borzja, 6 möglicherweise nomadisierende Ex. vom 12.—20. 8. 1965 (LEONTJEW 1976); See Zun-Torej, wenige im Frühling (GOLOWUSCHKIN, unveröffentl.); Bureja-Niederung, 1 ad. Anfang Mai 1965 (PANJKIN, unveröffentl.); See Bolonj, 1 Ex. am 5. 4. 1965 (PANTSCHENKO 1976); Bucht Malaja Kema (Primorje), 1 subad. im Oktober 1960 (RACHILIN 1965). In NE-China (bei Pei-tai-ho) wanderten im März, Oktober und November 1942—1945 bisweilen noch hunderte (HEMMINGSEN u. GUILDAL 1968).

Sehr wahrscheinlich finden sich auch jakutische Vögel in Indien ein (Beobachtungen im Himalaya bei Rampur — DONALD 1952 — ebenso das gelegentliche Anwachsen der Ziffern im Ghana bis zu 200). NEUFELDT meint, daß der direkte Weg dorthin (via Transbaikalien, Amurland und Primorje) allerdings selten genommen werde. So sahen speziell am Kranichzug interessierte Ornithologen im Primorje die Species in den vergangenen 15—20 Jahren kein einziges Mal. Das Gros der Vögel zieht offenbar durch die sumpfigen und seenreichen Becken von Wiljuj und oberer Lena, über das mittelsibirische Plateau und macht in den traditionellen Äsungs- und Rastplätzen nichtbrütender Artgenossen im westsibirischen Tiefland Station. Darauf Zwischenzug (Turgai-Senke als Leitlinie) ins nahrungsreiche Wolga-Delta. Von da Aufbruch ins Winterquartier, durch Kasachstan, Mittelasien und Afghanistan. Vermutlich passieren einzelne Stücke mit *G. grus*, Schwänen und Gänsen den Iran (1 Ex. am 29. 3. 1963 am Murdab — NIELSEN u. SPEYER 1967).

Jedenfalls kann nicht ausgeschlossen werden, daß sich die Zugrouten und Überwinterungsplätze des Nonnenkranichs in der Gegenwart als letztlich überaus unbeständig und zerstreut erweisen. Ihre zuverlässige Kenntnis ist außerordentlich bedeutsam für die Wirksamkeit von Schutzmaßnahmen für diese reliktäre Art. (Vgl. dazu die Spezialkarte bei FLINT 1978.)

Nomadisierende, brutunreife Vögel und adulte Nichtbrüter wandern sommers nicht nur weit im Brutgebiet und in der nördlich angrenzenden arktischen Tundra umher, sondern streifen auch weit nach Süden und Westen — in die Wald-, Waldsteppen- und Steppenzone des zentralen Jakutiens, Südwestsibiriens, Nordkasachstans und Transbaikaliens.

Als Irrgast in Schweden (VAURIE 1965) und Japan (Okinawa, Kagoshima-Präf., Ishikawa u. Yamaguchi-Präf. — Checkist 1974, KOGA 1975) nachgewiesen.

1972 fanden FLINT und KISCHTSCHINSKIJ (1975) im Raum Bereljach ein Gelege, das voll entwickelte und befiederte Embryonen barg. PERFILJEW (1965) gibt 2—3 Tage alte Junge für den 14. Juli 1961 an. WOROBJEW (1963) entdeckte am 30. Juni ein Nest, das von den Jungen bereits verlassen worden war.

Detaillierte Angaben zum Fortpflanzungsgeschehen (dessen Daten je nach Wetterlage variieren) bei WOROBJEW (1963), PERFILJEW (1965), FLINT und KISCHTSCHINSKIJ (1975).

Was das Nahrungsspektrum betrifft, so brachten Untersuchungen USPENSKIS (1961) und PERFILJEWS (1965) zutage, daß im Frühling überwiegend Lemminge und Wühlmäuse verzehrt werden (z. B. *Lemmus obensis*, *Dicrostonyx torquatus*, *Microtus gregalis*, *M. oeconomus*, *M. middendorffi*, wahrscheinlich auch *M. hyperboreus*). Mit zunehmendem Freiwerden der Tundra von Schnee tritt Pflanzliches hinzu, das sommers Hauptnahrung wird (u. a. Krähenbeeren, Bärentrauben, Preiselbeeren, Moltebeeren, Seggen, Schachtelhalme, Wollgras). Auch Regenwürmer, Heuschrecken, Käfer und Fische werden aufgenommen. Im Herbst dann gewinnt tierische Nahrung wieder an Bedeutung. USPENSKI (1961) schildert die Mägen von 4 1960 gesammelten Nonnenkranichen als sehr Gänsemagenähnlich, dickwandig und mit vielen Gastrolithen gefüllt. Die Scharten (an den distalen Teilen von Ober- und Unterschnabel) sind tief ausgebildet und erleichtern — analog den Lamellen am Gänseschnabel — das Herausziehen von Rhizomen und Abrupfen von Pflanzenteilen.

Zur Bestandssituation allgemein: Während der vergangenen 200 Jahre dürfte sich die Zahl von *G. leucogeranus* erheblich verringert haben, wovon heute die überaus seltenen Beobachtungen vagabundierender, übersommernder und ziehender Vögel ebenso zeugen wie die geringen Kopfzahlen in den wandernden Flügen. Die Survival Service Commission der IUCN (Red Data Book) stufte die Species als absolut schutzbedürftig ein. 1965 befanden sich nur 13 Nonnenkraniche in 9 zoologischen Gärten.

FLINT und KISCHTSCHINSKIJ (1975) heben hervor, daß sich der anthropogene Druck auf die Brutpopulation in Jakutien auf zweierlei Weise äußert: Einmal in der intensivst betriebenen Jagd auf Gänse während des Frühjahrzuges und zum anderen durch den sommerlichen Weidebetrieb der Hausrene inmitten des Brutareals. Im ersten Falle kommen niedrig ziehende Nonnenkraniche unbeabsichtigt um. Im zweiten werden Nester und Gelege des öfteren durch wandernde Renherden zerstört. ,,*Grus leucogeranus* reagiert auf Störungen sehr empfindlich, und selbst wenn das Nest nicht von den Renern oder Hütehunden vernichtet wurde, kehren die Vögel nicht zu ihm zurück, solange sich die Herde in Sichtweite befindet. In solchen Fällen fallen die Eier rasch großen Möwen oder Raubmöwen zum Opfer. Manchmal geben die beunruhigten Vögel den Brutplatz überhaupt auf“ (l. c.).

Erfreulicherweise vermochten beide Autoren nirgends festzustellen, daß die (gesetzlich streng geschützte) Art von lokal ansässigen Jägern, Renzüchtern oder Fischern zielgerichtet verfolgt wird — weder werden die Nester gesucht noch die Eier gesammelt oder gar adulte Vögel für Ernährungszwecke erbeutet. Selbst der chronische Verdacht, die Tiere würden als Hundefutter verwendet, erwies sich als unbegründet.

Den augenblicklichen Rückgang setzen beide Gewährsleute als im ganzen gering an. Tatsächlich betreffe er jährlich einzelne Stücke, bei weitem nicht den Jahreszuwachs der ganzen Population. Ernsthafte Bedrohung jedoch gehe — besonders angesichts des relativ kleinen reproduktiven Potentials und der niedrigen Kopfgesamtzahl der Vögel — von der extensiv betriebenen Renzucht aus. Die ständig wachsende Zahl der Rene gefährde die Kranichnester mehr und mehr. Deshalb plädieren beide Autoren nachdrücklich für das Begründen eines Naturschutzgebietes in der Tundra zwischen Chroma, Laptscha, Gusinaja und Bereljach als besten Weg, die Nonnenkraniche zu erhalten. Nicht weniger aktuell blieben das Finden und Bewahren der Rastplätze, Nahrungsgründe und Winterquartiere.

Wanderungen

Zugvogel, der Anfang September, sobald die ersten Schneefälle eintreten, sein jakutisches Areal räumt.

Die Deutung der Überwinterungsplätze und ihre Zuordnung zur Ob-Population — falls sie existieren sollte — und zur jakutischen sind problematisch. Im Iran (Südkaspi-Gestade) überwintert die Art seit Jahrzehnten nicht mehr. Das ,,klassische“ Quartier Jangtse-Tal (vgl. z. B. LA TOUCHE 1933, VAURIE 1965, CHENG 1976) ist sehr wahrscheinlich in Frage zu stellen: FLINT und KISCHTSCHINSKIJ (1975) verweisen darauf, daß es heute zu den höchst kultivierten und dicht besiedelten Agrargebieten der Volksrepublik gehört. Dieser grundlegende Wandel der ökologischen Situation in den letzten 20—30 Jahren, der auch für Nordostchina (siehe HEMMINGSEN u. GUILDAL 1968) kennzeichnend ist, dürfte die traditionellen Zugrouten — sofern man von solchen sprechen darf — nachhaltig beeinflußt haben. Sicher ist, daß die Art bis 1880 regelmäßig im Ghana-Reservat (Bharatpur, NW-Indien) überwinterte. 1960 setzte sich dies fort (zunächst mit 3 Ex.). Die Gesamtzahl der Vögel, die sich dort von Mitte Dezember bis Anfang März 1964/65 aufgehalten haben, betrug 200, zwischen Januar und 8. März 1968 schwankte sie zwischen 5 und 100, von Januar bis 9. Februar 1969 waren es 3—12; meist sind es ca. 50 bis einige 70 (WALKINSHAW 1973). 1969/70 wurden lediglich 12 ermittelt (SAVAGE 1970), jedoch waren etwa zur selben Zeit (26. 3. 1970, lt. KONING 1972) 76 Exemplare am Ab-e-Istada, 150 km SW Kabul (siehe auch NIETHAMMER 1971). Falls diese sich nicht bereits auf dem Heimzuge befanden, bieten sich also Afghanistan und Nordindien als hauptsächliches Winterquartier an. In den darauffolgenden Jahren trocknete jener See aus, und die Ghana-Zahlen kletterten erneut: auf 70—80. ,,Im November 1974 waren dort 59 *G. leucogeranus*, darunter 6 diesjährige Junge. Im späten Januar erschienen unerwartet 4 weitere Altvögel, und wir zählten wiederholt 63 Kraniche insgesamt bis Ende März 1975“ (SAUEY 1976). 1977 wurden 59 registriert (fide FLINT 1978).

Grus leucogeranus Pallas

Nonnenkranich

Zur Verbreitung

Monotypische Species, die — vgl. unter „Verwandtschaft" bei *G. monacha* — wohl im Aussterben begriffen ist. ARCHIBALD schlug nach vergleichender Analyse der „unison calls" rezenter Grues 1976 vor, sie der Gattung *Bugeranus* zuzuordnen.

Die auch neuere Standardliteratur verzeichnet ein geteiltes Brutareal: den Ob-Unterlauf in Westsibirien und — rund 3000 km weiter im Osten — Nordostjakutien.

Was das westsibirische Vorkommen angeht, so weisen wir mit Nachdruck darauf hin, daß es bis dato eine Mutmaßung darstellt. Jedenfalls ist der Beweis für das Brüten der Art dort bis heute nicht erbracht worden. Die wenigen Beobachtungen adulter oder ein- bis dreijähriger Stücke im Mai, Juni und August 1940, 1944 (RAJEWSKIJ 1976), 1966, 1969 (GORDEJEW 1976) wurden bislang — auch von prominenter Seite — unzulässig verallgemeinert und betreffen tatsächlich wohl nur Nichtbrüter. Der Unterlauf des Ob kann sich durchaus als lediglich eines der Gebiete erweisen, in dem sich nomadisierende, noch nicht geschlechtsreife, Junggesellen und nicht brütende alte Nonnenkraniche aufhalten — einzeln, paarweise oder in kleinen Trupps. Bemerkenswerterweise hat TARUNIN (1959), der in den frühen 30er Jahren an der kleinen Soswa arbeitete, *G. leucogeranus* dort nicht ein einziges Mal gesehen. NEUFELDT gelang es nicht, authentische Informationen über das Brüten dieses Kranichs selbst von Ornithologen zu erhalten, die viele Jahre hindurch speziell die Sumpf- und Wasservogelwelt in der Ob-Niederung studiert haben.

Das gegenwärtige Hauptvorkommen ist in der niederen Tundra Nordostjakutiens zwischen Jana und Kolyma. Westlichstes Brutgebiet ist das Zwischenstromland von Omoloj und Jana. Nach ROSCHTSCHEWSKIJ (1973) brüten dort die meisten Nonnenkraniche westlich des Jana-Deltas, im Süden der Halbinsel Buor-Chaja und im Tschondon-Bassin.

Das Zentrum des Areals — in dem Nester und Junge am häufigsten angetroffen werden — wird etwa begrenzt von den Flüssen Bereljach (Elonj), Chroma, Laptscha, Gusinaja und dem Rusko-Ustynskaja-Durchfluß der Indigirka.

Weiter ostwärts wird das Areal stark eingeschnürt — im Norden durch die heranrückende Küstentundra (die *G. leucogeranus* als Brutvogel mit ziemlicher Sicherheit meidet), nach Süden durch das flache Kondakow-Bergland. Noch weiter östlich erfährt das Vorkommen eine erhebliche Ausdehnung südwärts. Es erfaßt die unteren und mittleren Becken von Alazeja, Tschukotschja, Konjkowaja und den Kolyma-Unterlauf. Den zuletztgenannten Fluß hinauf brütet die Art sporadisch bis Sredne-Kolymsk, eventuell noch südlicher; JACHONTOWS Angaben über Brüten bei Zyrjanka bedürfen jedoch der Stützung durch weiteres Material.

FLINT und KISCHTSCHINSKIJ (1975) haben eine Grenzziehung versucht, die peripher westlich der Korrektur bedarf; Laut P. 5 unserer Darstellung (ROSCHTSCHEWSKIJ 1973) verläuft sie im Tschondon-Bassin bedeutend weiter im Süden. Jene Autoren schätzen, daß die jakutische Population insgesamt 130000 km² besiedelt, vorzugsweise „zentral" jedoch 30000 km² innehat. In diesem engeren Raum halten sich etwa 150 Sommervögel auf (= 50 Brutpaare). Je 1000 km² wurden dort 5 Exemplare (1—2 Brutpaare) angetroffen. Nach eigenen Erhebungen zwischen 1971 und 1973 und unter Berücksichtigung des Status der Art an der Arealperipherie beziffern FLINT und KISCHTSCHINSKIJ die Gesamtkopfzahl in Jakutien auf 300, d. h. ca. 60 Brutpaare, der Rest noch nicht fortpflanzungsreife Stücke und Junggesellen. Als Abstände zwischen 1973 gefundenen Nestern ermittelten beide Autoren 30, 27 und 14 km. Sie nehmen an, daß am West- und Ostrand des Areals inselartig jeweils 3—6 Paare brüten — unter Umständen hunderte Kilometer voneinander entfernt. Gemäß 1977er Nachforschungen hält FLINT (1978) eine Populationsgröße von 360 Vögeln, darunter 70—80 Brutpaare, für wahrscheinlich.

Unsere Karte dokumentiert fast ausschließlich Fundorte nach 1960. Spezialkarten der Verbreitung in Nordostjakutien bei USPENSKI (1961) und FLINT und KISCHTSCHINSKIJ (1975).

Oekologie

Als typisches Bruthabitat charakterisieren WOROBJEW (1963), PERFILJEW (1965) sowie FLINT und KISCHTSCHINSKIJ (1975) mehr oder weniger ausgedehnte, flache, sumpfige Seekessel (die im Frühjahr von Schmelzwasser 20—50 cm hoch überschwemmt werden), in der Moos-, Flechten- und Strauchtundra, auch offene Waldtundra und (eventuell) den Nordrand der Taiga. In der arktischen Tundra Jakutiens, den Ästuarien seiner Küste, Flußmarschen, auf trockenen Anhöhen und in Bergländern brütet *G. leucogeranus* nicht.

Erst 1963 (!) lieferte WOROBJEW die erste ausführliche Beschreibung von Neststandorten und Eiern. Nach PERFILJEW (1965) und ROSCHTSCHEWSKIJ (1973) sind die Nester aus Moos und Seggen zusammengefügt und überragen das umgebende Wasser 10—15 cm.

Erstbeobachtungen im Brutareal wurden gewöhnlich in der letzten Mai-Dekade bis Anfang Juni gemacht — sie fielen zusammen mit der intensiven Schneeschmelze (bei noch Minusgraden der mittleren Tagestemperatur) und dem Massenzug von *Anser fabalis* und *A. albifrons*. *G. leucogeranus* trifft meist paarweise ein, gelegentlich einzeln, auch in Grüppchen von 3. Nach PERFILJEW (1965) bilden ankommende Flüge von 5—10 Exemplaren eher die Ausnahme. Die Brutplätze sind ab den ersten Junitagen schneefrei, frische Vollgelege (zumeist 2 Eier) zwischen 7. und 11. Juni gefunden worden. Am 23. Juni

FUNDORTLISTE

Nr.	Fundort		Quelle
1.	Ustrjom	A	Gordejew 1976
–	Azowy	A	Braude unveröffentl.
–	Wasjko-Lor (Mushi)	A	Braude unveröffentl.
2.	Komradka (19. VIII.)	A	Gordejew 1976
3.	Fluß Kamelekno	N	Perelomow 1976
4.	östliches Jana-Delta	A	Flint u. Kischtschinskij 1975
5.	Fluß Tschondon (70° 7′ n. Br.)	N	Roschtschewskij 1973
6.	Oiun-Urjach im mittleren Becken der Chroma (71° n. Br., 143° ö. L.	N	Worobjew 1963
7.	See Aljagyr (= Adjagyr)		Perfiljew 1965
–	zwischen See Aljagyr und Bjore-Ulujbjut (= Bjore-Ojlojbut)	N	Perfiljew 1965
–	bei Bereljach	N	Flint u. Kischtschinskij 1975
8.	S Bereljach, nahe See Et Chatarbyt (70° 31′ n. Br.)	N	Worobjew 1963
9.	Raum Poljarnyj	N	Flint u. Kischtschinskij 1975
10.	40 km W Russkoje Ustje	N	Coll. Zool. Inst. Leningrad
11.	Unterläufe der Flüsse Keremesit, Schandrin und Sundrun	AJ	Flint u. Kischtschinskij 1975
12.	Andrjuschkino	A	Perfiljew 1965
13.	Fluß Alazeja (70° n. Br.)	A	Worobjew 1967
14.	Fluß Tschukotschja	A	Worobjew 1963
15.	See Maloje Morskoje	N	Andrejew 1974
–	See Bolschoje Morskoje	AJ	Flint u. Kischtschinskij 1975
16.	Petuschki	N	Jachontow unveröffentl.
17.	Salgy-Ytar	B	Perfiljew 1965
18.	Sredne Kolymsk (IX.)	J	Worobjew 1963
19.	Kyllach	N	Jachontow brfl. 1976
20.	Fluß Sopjakina	N	Jachontow brfl. 1976

LITERATUR

Andrejew 1974 — Pticy Wiljujskogo bassejna. Jakutsk. 137–141.

Archibald 1976 — Proc. Int. Crane Workshop 1, 246–248.

Check-list Japanese birds 1974 — Tokyo. 89.

Cheng 1976 — List Chines. Birds (Rev. Ed.). Peking. 166.

Donald 1952 — J. Bombay Nat. Hist. Soc. 51, 270.

Elkin 1976 — Trudy Oksk. zapow. 13, 99–101.

Flint 1978 — Priroda 66, 20–23.

Flint u. Kischtschinskij 1975 — Zool. Sh. 54, 1197–1212.

Gordejew 1976 — Trudy Oksk. zapow. 13, 112–113.

Hemmingsen u. Guildal 1968 — Spolia Zool. Mus. Haun. 28, 305–306.

Koga 1975 — Zool. Garten (NF) 45, 86.

Koning 1972 — Vogeljaar 1, 4–8.

La Touche 1933 — Handbook Birds Eastern China. vol. 2. London. 297.

Leontjew 1976 — Trudy Oksk. zapow. 13, 114–115.

Nielsen u. Speyer 1967 — Dansk Ornith. Forenings Tidsskr. 61, 32.

Niethammer 1971 — Vogelwarte 26, 227

Pantschenko 1976 — Trudy Oksk. zapow. 13, 114.

Perelomow 1976 — Trudy Oksk. zapow. 13, 112.

Perfiljew 1965 — Priroda Jakutii. Jakutsk. 99–112.

Pischwanow 1976 — Trudy Oksk. zapow. 13, 115.

Poslawskij 1976 — Trudy Oksk. zapow. 13, 115.

Rachilin 1965 — Arch. Mus. Zool. Moscou 9, 215.

Rajewskij 1976 — Trudy Oksk. zapow. 13, 99

Red Data Book der IUCN — 1966

Roschtschewskij 1973 — Nautsch. Trudy Kujbysch. Päd. Inst. 126, 34–37.

Rusanow u. Tschernjawskaja 1976 — Trudy Oksk. zapow. 13, 101–107.

Sauey 1976 — Crane research round the world 1. Baraboo. Im Druck.

Savage 1970 — Bull. IWRB 30, 11–14.

Tarunin 1959/1960 — Jesheg. Tjumen. Muz. 1, 124–148.

Toltschin at al. 1974 — Mat. 6 Wsesojuz. Orn. Konf. 1. Moskau. 244–245.

Tschernjawskaja 1974 — Mat. 6. Wsesojuz. Orn. Konf. 1. Moskau. 151.

Uspenski 1961 — Falke 8, 334–337.

Vaurie 1965 — Birds palearct. Fauna. Non-Passeriformes. London. 334–335.

Walkinshaw 1973 — Cranes of the world. New York. 236–249, 334.

Worobjew 1963 — Pticy Jakutii. Moskwa. 89–95.

Worobjew 1967 — Ornitologija 8, 154.

Briefliche Auskünfte erteilten: Andrejew (Jakutien), Braude (Ob-Unterlauf), Golowuschkin (Transbaikalien), Jachontow (Jakutien), Panjkin (Amurland).

Bisher erschienen in 7 Lieferungen folgende 100 Arten:

Geronticus eremita	(VII)
Falco eleonorae	(V)
Falco concolor	(VI)
Nipponia nippon	(VII)
Grus monacha	(VII)
Grus leucogeranus	(VII)
Lullula arborea	(VII)
Anthus pratensis	(I)
Anthus rufogularis	(I)
Lanius collurio	(III)
Lanius isabellinus	(III)
Lanius cristatus	(III)
Lanius nubicus	(I)
Lanius senator	(I)
Lanius minor	(I)
Prunella collaris	(IV)
Prunella himalayana	(IV)
Prunella rubeculoides	(VI)
Prunella strophiata	(VI)
Prunella fulvescens	(VI)
Prunella montanella	(V)
Prunella koslowi	(III)
Prunella atrogularis	(V)
Prunella ocularis	(VI)
Prunella fagani	(VI)
Prunella modularis	(IV)
Prunella rubida	(IV)
Prunella immaculata	(IV)
Acrocephalus dumetorum	(V)
Acrocephalus palustris	(V)
Hippolais icterina	(I)
Hippolais polyglotta	(I)
Hippolais olivetorum	(I)
Hippolais languida	(III)
Hippolais pallida	(I)
Hippolais caligata	(V)
Sylvia hortensis	(II)
Sylvia borin	(II)
Sylvia atricapilla	(III)
Sylvia communis	(III)
Sylvia rüppelli	(II)
Sylvia melanocephala	(II)
Sylvia melanothorax	(II)
Sylvia mystacea	(II)
Sylvia cantillans	(II)
Sylvia conspicillata	(II)
Sylvia deserticola	(II)
Sylvia undata	(II)
Sylvia sarda	(II)
Phylloscopus trochilus	(III)
Phylloscopus bonelli	(II)
Phylloscopus sibilatrix	(II)
Regulus ignicapillus	(III)
Muscicapa hypoleuca	(I)
Muscicapa albicollis	(I)
Muscicapa semitorquata	(I)
Muscicapa parva	(II)
Muscicapa striata	(I)
Saxicola rubetra	(III)
Oenanthe pleschanka	(II)
Oenanthe hispanica	(II)
Oenanthe deserti	(III)
Oenanthe finschii	(III)
Oenanthe moesta	(IV)
Oenanthe xanthoprymna	(VII)
Oenanthe isabellina	(III)
Oenanthe leucura	(II)
Oenanthe leucopyga	(II)
Erithacus akahige	(VI)
Luscinia megarhynchos	(VI)
Luscinia luscinia	(VI)
Parus cristatus	(II)
Tichodroma muraria	(IV)
Certhia familiaris	(VI)
Certhia brachydactyla	(I)
Montifringilla nivalis	(IV)
Montifringilla adamsi	(IV)
Montifringilla taczanowskii	(VII)
Montifringilla davidiana	(VII)
Carduelis citrinella	(I)
Rhodopechys sanguinea	(V)
Bucanetes githagineus	(V)
Bucanetes mongolicus	(V)
Kozlowia roborowskii	(VII)
Uragus sibiricus	(V)
Emberiza citrinella	(III)
Emberiza leucocephala	(III)
Emberiza cia	(III)
Emberiza godlewskii	(III)
Emberiza cioides	(IV)
Emberiza buchanani	(I)
Emberiza stewarti	(III)
Emberiza hortulana	(I)
Emberiza caesia	(I)
Emberiza cirlus	(I)
Emberiza rustica	(III)
Emberiza elegans	(VII)
Emberiza aureola	(III)
Emberiza melanocephala	(I)
Emberiza icterica	(I)

FSC
www.fsc.org
MIX
Papier | Fördert gute Waldnutzung
FSC® C083411

Zeitfracht Medien GmbH
Ferdinand-Jühlke-Straße 7
99095 Erfurt, Deutschland
produktsicherheit@kolibri360.de